全国计算机等级考试

Python 二级教程

杨　文　管德永　王召强　主编

中国海洋大学出版社

·青岛·

内容提要：本书根据《全国计算机等级考试二级 Python 语言程序设计考试大纲》（2019 年版）编写，系统地介绍 Python 3.x 程序设计基础知识。全书共 9 章，内容包括 Python 的运行环境配置、Python 语言的基本语法元素和基本数据类型、程序的三种控制结构和程序的异常处理、函数和代码复用、组合数据类型、文件和数据的格式化、Python 的计算生态、常用的标准库和第三方库，最后提供 3 套测试题，并附有测试题答案。本书不仅可以作为全国计算机等级考试"Python 语言程序设计"的教材，也可以作为大中专院校或各类机构师生的参考用书，更适合 Python 零基础入门程序设计的初学者。

图书在版编目（ＣＩＰ）数据

Python二级教程 ：全国计算机等级考试 ／ 杨文，管德永，王召强主编. —— 青岛 ：中国海洋大学出版社，2019.4

ISBN 978-7-5670-2197-6

Ⅰ．①P… Ⅱ．①杨… ②管… ③王… Ⅲ．①软件工具－程序设计－水平考试－教材 Ⅳ．①TP311.561

中国版本图书馆CIP数据核字(2019)第081736号

出版发行	中国海洋大学出版社		
社　　址	青岛市香港东路 23 号	**邮政编码**	266071
出 版 人	杨立敏		
网　　址	http://pub.ouc.edu.cn		
电子信箱	2586345806@qq.com		
责任编辑	矫恒鹏	**电　　话**	0532-85902349
印　　制	天津雅泽印刷有限公司		
版　　次	2020 年 5 月第 1 版		
印　　次	2020 年 5 月第 1 次印刷		
成品尺寸	185 mm×260 mm		
印　　张	12.5		
字　　数	286 千		
印　　数	1～2000 册		
定　　价	59.00 元		

如发现印装质量问题，请致电 022-29645110，由印刷厂负责调换。

前　言

目前推动经济社会急剧变革的行业非人工智能莫属，而 Python 是人工智能的首选语言。人工智能行业正处于一个高速发展的上升期，国家和企业对人才的需求也在急剧增大。"全民学 Python"浪潮席卷而来，你准备好了吗？

2017 年 7 月 20 日，国务院发布《新一代人工智能发展规划的通知》，四次提及"智能"，特别指出要"加强新一代人工智能研发应用""发展智能产业"；2018 年 9 月，教育部考试中心在全国计算机二级考试中加入"Python 语言程序设计"科目。另外，从 2018 年起，浙江省信息技术教材编程语言更换为 Python，北京和山东也确定把 Python 编程基础纳入信息技术课程和高考的内容体系。这一系列举措说明，国家层面已经对人工智能越来越重视了。

2017 年 12 月，腾讯研究院和 BOSS 直聘联合发布了一份《2017 全球人工智能人才白皮书》，报告显示全球 AI 领域人才约 30 万。其中，高校约 10 万人，产业界约 20 万人。全球共有 367 所具有人工智能研究方向的高校，每年 AI 领域毕业的学生约 2 万人，而市场需求在百万量级，远远不能满足市场对人才的需求。中国人工智能人才缺口超过 500 万人。一些业内人士表示，国内的供求比例为 1 : 10，供需严重失衡。

Python 具有丰富和强大的库，它常被称为胶水语言，能够把其他语言制作的各种模块很轻松地结合在一起。Python 的定位是"优雅""明确""简单"，所以 Python 程序看上去简单易懂，初学者学 Python，不但入门容易，而且将来深入下去，可以编写那些非常复杂的程序。

Python 的发展方向包括数据分析、人工智能、机器学习、网络爬虫、图像处理文本处理、语音识别、web 开发、测试、运维、web 安全、游戏开发等领域、应用非常广泛。

"千里之行，始于足下"。本书作为 Python 学习的入门教材，是根据教育部考试中心颁布的考试大纲，从 Python 基本语法元素、数据类型、程序控制结构、函数和代码复用、文件和数据格式化、Python 计算生态等方面，对考试知识点进行了系统、翔实、细致的讲解。相信通过学习，定会大大提高读者的编程能力，为以后多领域的 Python 应用打下扎实的基础。

本教程编写过程中，得到了同济大学、佛罗里达大学、中国海洋大学、山东科技大学、广东科学技术职业学院、青岛克拉欧德数据科技有限公司、青岛市城市规划设计研究院、安徽省综合交通研究院股份有限公司等单位同仁的倾心帮助，有了你们的大力支持才使得本教程顺利出版，在此一并表示衷心感谢！

全国计算机等级考试二级 Python 语言程序设计 2018 年 9 月份才开考，市面上针对

Python 二级考试的教材少之又少，我们斗胆抢先编写一本，也算是抛砖引玉。由于水平有限，错误、疏漏等不当之处，敬请读者批评指正。

编者

2019 年 1 月

本书特色

紧扣考试大纲。

根据《全国计算机等级考试二级 Python 语言程序设计考试大纲》（2019 年版）制定教程目录，切实做到教程内容围绕考试大纲编写，让读者有的放矢，提高学习效率。

纸质教程与视频教程相结合。

购买本教程，赠送配套视频教程。视频教程可通过电脑端，也可通过移动端收看，最大化利用读者的时间进行学习。

线上答疑。

购买本教程的读者可以进入学习群（QQ 群 :831983651），助教会对读者在学习过程中遇到的问题给予及时解答。

本书读者

全国计算机等级考试 Python 语言程序设计的考生。

大中专院校或各类机构的师生。

Python 程序设计的初学者。

目　录

第 1 章　Python 环境配置 ……………………………………………………………… 1

1.1　Python 语言简介 ………………………………………………………………… 1

1.2　Python 程序与开发环境的下载、安装及运行 ………………………………… 3

1.3　Python 程序的编辑方式及运行方式 …………………………………………… 6

1.4　标准库的查看 …………………………………………………………………… 7

1.5　应用 pip 工具安装 Python 扩展库 ……………………………………………… 9

1.6　标准库与扩展库的导入与使用 ………………………………………………… 13

第 2 章　Python 环境配置 Python 语言基本语法元素 …………………………… 15

2.1　程序的格式框架 ………………………………………………………………… 15

2.2　变量及数据类型 ………………………………………………………………… 16

2.3　基本输入输出函数 ……………………………………………………………… 18

第 3 章　基本数据类型 ……………………………………………………………… 22

3.1　数字类型及其常用函数 ………………………………………………………… 22

3.2　运算符 …………………………………………………………………………… 24

3.3　字符串的创建 …………………………………………………………………… 30

3.4　字符串的索引与切片 …………………………………………………………… 32

3.5　字符串的操作运算符 …………………………………………………………… 34

3.6　字符串的格式化 ………………………………………………………………… 37

3.7　字符串处理的函数及方法 ……………………………………………………… 42

3.8　类型判断和类型间的转换 ……………………………………………………… 45

第 4 章　程序的控制结构 …………………………………………………………… 48

4.1　程序的三种控制结构 …………………………………………………………… 48

4.2　程序的顺序结构 ………………………………………………………………… 50

4.3　程序的分支结构 ………………………………………………………………… 50

4.4　程序的循环结构 ………………………………………………………………… 54

4.5　程序的异常处理 ………………………………………………………………… 66

第 5 章　函数和代码复用 …………………………………………………………… 68

5.1　函数的定义与调用 ·· 68

5.2　函数的参数设置与传递 ·· 72

5.3　函数的返回值（return 语句） ·· 74

5.4　变量的作用域 ·· 75

5.5　斐波那契数列的 Python 程序代码 ·· 78

第 6 章　组合数据类型 ·· 82

6.1　元组的基本操作 ·· 82

6.2　创建列表的基本语法 ··· 87

6.3　列表的增加删除操作 ··· 89

6.4　列表的修改和查询 ·· 91

6.5　列表的复制排序操作 ··· 93

6.6　列表元素的循环遍历 ··· 95

6.7　实例解析 为什么某些列表元素删不掉？ ································· 96

6.8　集合的创建与转换 ·· 100

6.9　集合的增加删除及查询操作 ·· 103

6.10　集合的遍历与运算 ·· 107

6.11　字典的增加与修改 ·· 109

6.12　字典的删除与查询 ·· 111

6.13　字典的转换与遍历 ·· 113

第 7 章　文件和数据格式化 ·· 117

7.1　文件操作的语句格式 ··· 117

7.2　文件指针的定位与查询 ·· 119

7.3　文件的读取与写入 ·· 123

7.4　实例解析文件操作的基本方法 ··· 125

7.5　实例解析 文件读写操作 ·· 126

7.6　数据维度及基本操作 ··· 128

第 8 章　Python 计算生态 ·· 133

8.1　计算思维 ·· 133

8.2　程序设计方法论 ·· 135

8.3　基本内置函数 ·· 140

8.4　Python 标准库 ——Turtle 库 ·· 143

8.5　Python 标准库——random 库 ·· 149

8.6　Python 标准库——time 库 ··· 152

8.7　Python 第三方库——PyInstaller 库 ·· 157

8.8　Python 第三方库——jieba 库 ·· 159

8.9　Python 第三方库——wordcloud 库 ··· 161

8.10　更广泛的 Python 计算生态 ·· 164

第 9 章　测试题 ··· 169

9.1　测试题 1 ··· 169

9.2　测试题 2 ··· 178

9.3　测试题 3 ··· 179

9.4　测试题 1 答案 ·· 181

9.5　测试题 2 答案 ·· 182

9.6　测试题 3 答案 ·· 185

附件 1　IDLE 快捷键 ·· 188

附件 2　常用的 RGB 色彩 ··· 189

参考文献 ··· 190

第 1 章

Python 环境配置

1.1　Python 语言简介

Python 是一种简单易学、功能强大的编程语言,它具有高效率的高层数据结构,简单而有效地实现面向对象编程。

Python 简洁的语法和对动态输入的支持,再加上解释性语言的本质,使得它在大多数平台上都是一个理想的脚本语言,特别适用于快速的应用程序开发。

Python 具有丰富和强大的库,被昵称为"胶水语言",能够把其他语言生成的各种模块很轻松地联结在一起,加上易于学习、阅读、维护的特性和广泛的应用度,Python 近些年来在就业市场上非常受欢迎,已成为一门相当热门的语言,受到越来越多的 IT 开发者和程序设计爱好者的青睐。

1.1.1　Python 的发展史

Python 的作者吉多・范・罗苏姆(Guido van Rossum),中国 Python 程序员也称他为龟叔,荷兰人。

1982 年,吉多从阿姆斯特丹大学获得了数学和计算机硕士学位,尽管他算得上是一位数学家,但他更加享受计算机带来的乐趣。用他的话说,虽然拥有数学和计算机双学位,他却趋向于做计算机相关的工作,并热衷于做任何和编程相关的事情。

1989 年,为了打发圣诞节假期,吉多开始写 Python 语言的编译器。

Python 这个名字,来自吉多所挚爱的电视剧 —— *Monty Python's Flying Circus*。他希望这个新的叫作 Python 的语言,能符合他的理想:创造一种 C 和 shell 之间、功能全面、易学易用且可拓展的语言。吉多作为一个语言设计爱好者,已经有过设计语言的经验。这一次,也不过是一次纯粹的 hacking 行为。

1991 年,第一个 Python 编译器诞生。它是用 C 语言实现的,并能够调用 C 语言的库文件。从一出生,Python 已经具有了类、函数、异常处理,包含列表和词典在内的核心数据类型,以及模块为基础的拓展系统。

Python 语法很多来自 C 语言,但又受到 ABC 语言的强烈影响。来自 ABC 语言的一些

规定直到今天还富有争议，比如强制缩进，但这些语法规定让 Python 易于阅读。另一方面，Python 明智地选择了一些编程惯例，特别是 C 语言的惯例，比如等号赋值。吉多认为，如果"常识"上已经确立的东西，没有必要过度纠结。

Python 从一开始就特别在意可拓展性，因此 Python 沿袭了这一特点，可以在多个层次上进行拓展。在高级层面，你可以直接引入 py 文件；在低端层面，你也可以引用 C 语言的库。Python 程序员可以快速地使用 Python 写 py 文件作为拓展模块，但当性能成为考虑的重要因素时，Python 程序员可以深入底层，编写 C 语言程序，编译为 so 文件引入到 Python 中使用。Python 就好像是用来建房的钢结构，先规定好大的框架，而程序员可以在此框架下自由地进行拓展或更改。

最初的 Python 完全由吉多本人开发，很快 Python 受到了吉多同事们的欢迎和支持。他们迅速地反馈使用意见，并参与到 Python 的改进工作中。吉多和他的同事们构成了 Python 的核心团队，他们将自己大部分的业余时间用于开发 Python。随后，Python 拓展到研究所之外使用。Python 将许多机器层面上的细节隐藏，交给编译器处理，并凸显出逻辑层面的编程思考。Python 程序员可以花更多的时间用于思考程序的逻辑，而不是具体的实现细节，这一特征吸引了广大的程序员。

Python 开始逐渐流行起来。

1.1.2　Python 的应用

功能强大，是导致 Python 大火的主要原因之一。Python 的标准库和第三方库非常强大，可以说，无论你想从事什么方面的编程，基本都能找到相应的库支持。比如：

爬虫 —— 网络爬虫领域，Python 处于霸主地位，几乎可以想爬啥就爬啥。

人工智能 —— 现在趋势已经非常明确了，特别是 Facebook 开源了 PyTorch 之后，Python 作为 AI 时代头牌语言的位置已基本确立。

云计算 —— 目前最知名的云计算框架就是 OpenStack（使用 Python 语言编辑），所以 Python 的火，部分原因是云计算。

Web 开发 —— 最火的 PythonWeb 框架是 Django，支持异步高并发的 Tornado 框架。

网络编程 —— 支持高并发的 Twisted 网络框架，py3 引入的 asyncio 使异步编程变得非常简单。

自动化运维 —— 每个运维人员必须会的语言是 Python。

金融分析 —— 到目前为止，Python 是金融分析、量化交易领域里用的最多的语言。

科学计算 —— 随着 Numpy、Scipy、Matplotlib 等众多程序库的开发，使得 Python 越来越适合于做科学计算、绘制高质量的 2D 和 3D 图像。

游戏开发 —— 在网络游戏开发中 Python 也有很多应用。相比 Lua 或 C++，Python 有更高阶的抽象能力，可以用更少的代码描述游戏业务逻辑。

Python 在上述各个领域都做得非常优秀，这是一门真正意义上的全栈语言，即使目前世界上使用最广泛的 Java 语言,在很多方面与 Python 相比也逊色很多!

目前还看不到有哪门语言,能同时在如此多的领域做出这些骄人成绩。

1.2　Python 程序与开发环境的下载、安装及运行

1.2.1　Python 程序的下载

打开官方网站 https://www.python.org/,有三个位置可以下载开发环境, 任选一个点击 Downloads 后,存储在默认路径或改变路径存储,等待下载完成。

(1)Downloads 位置 –1。

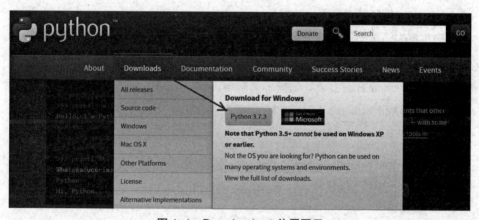

图 1–1　Downloads–1 位置图示

(2)Downloads 位置 –2。

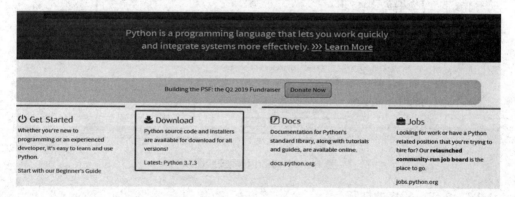

图 1–2　Downloads–2 位置图示

（3）Downloads 位置 −3。

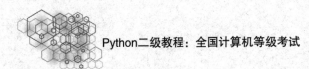

About	Downloads	Documentation	Community	Success Stories
Applications	All releases	Docs	Community Survey	Arts
Quotes	Source code	Audio/Visual Talks	Diversity	Business
Getting Started	Windows	Beginner's Guide	Mailing Lists	Education
Help	Mac OS X	Developer's Guide	IRC	Engineering
Python Brochure	Other Platforms	FAQ	Forums	Government
	License	Non-English Docs	Python Conferences	Scientific
	Alternative Implementations	PEP Index	Special Interest Groups	Software Development

图 1−3　Downloads−3 位置图示

1.2.2　Python 程序的安装

本教程以 Windows 操作系统下的 Python3.6 版本介绍 Python 的主要功能及操作，3.4 以上版本同样适用。

根据上述从 Python 官网上下载选择好的版本，下载完成后，双击安装文件，默认路径，出现安装页面，勾选 Add Python 3.6 to PATH，选择 Install Now，等待安装结束，点击 close。

图 1−4　Python 程序安装图示

1.2.3　Python 程序的打开

方法 1：在安装目录下，找到名为 Python 的应用程序，双击打开，页面显示如图 1−5。

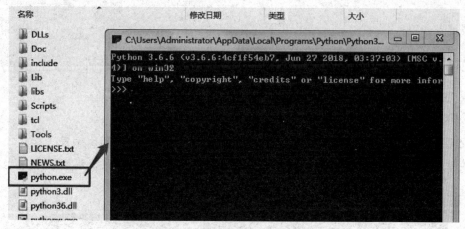

图 1-5 启动 Python 程序图示

方法 2：点击开始 — 所有程序 —Python3.6。

安装完 Python 后，同时就安装了 IDLE，IDLE 是 Python 官方标准开发环境，也是全国计算机 Python 二级考试用环境。

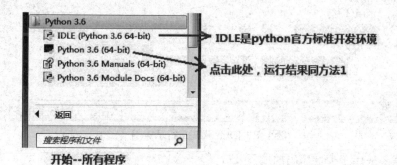

图 1-6 启动 Python 程序及 IDLE 位置图示

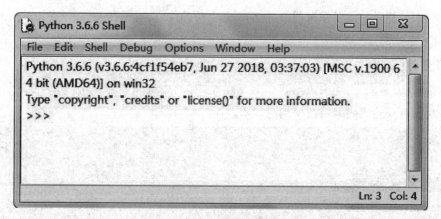

图 1-7 IDLE 交互式运行环境

1.3 Python 程序的编辑方式及运行方式

以 Python 安装包自带的 IDLE 运行环境及 Windows 操作系统为例。

1.3.1 交互式

交互式操作是指利用 Python 解释器，即时响应用户输入的代码，输出结果。

操作步骤：打开 IDLE，在"＞＞＞"提示符后编写代码，回车即时运行，显示结果；没有"＞＞＞"表示运行结果；退出程序可用 exit( ) 或 quit( )。

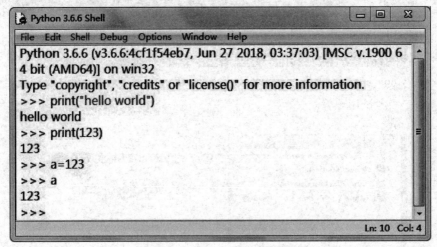

图 1-8　IDLE 代码运行示意图

这种方式一般用于少量代码的编写及调试。

1.3.2 文件式

利用 IDLE 提供的代码编辑器，方便编写几百行的代码，可保存为 .py 文件。

相对于交互式，此方式是一种编写多行代码的常用编程方式。

操作步骤：

（1）在 IDLE 界面下，利用快捷键 Ctrl+N 或者菜单栏中选择 File—New File。

（2）在新打开的代码编辑器中编写代码。

```
a = 3
b = 4
print(a + b)
print(a**2 + b – a)
c = int(input(" 输入一个数 :"))
print(a*c – b)
```

（3）运行方式：使用快捷键 F5 或菜单栏中选择 Run—Run Module，保存文件并运行。

（4）若运行已经保存的 .py 文件，有两种方式，分别是：

①命令行：

在文件存放目录下，shift+ 鼠标右键——"在此处打开命令窗口"——在打开的窗口中"≫"后，输入 Python 文件名 .py。

②打开原文件：

在 IDLE 界面下，Ctrl+O 或者菜单栏下，File—open 选择文件存放目录，双击或点击打开，在 IDLE 交互界面窗口显示运行结果。

1.3.3　快捷键

IDLE 中常用的快捷键如下。

Ctrl+N：在交互界面下，启动 IDLE 编辑器。

Ctrl+Q：退出 IDLE Shell 或 IDLE 编辑器。

Alt+3：在 IDLE 编辑器内，注释选定区域文本。

Alt+4：在 IDLE 编辑器内，解除注释选定区域文本。

F5：在 IDLE 编辑器内，执行 Python 程序。

1.3.4　提示

本书中的代码若没有 "≫" 的提示符，即是在文件式代码编辑器编写的代码。

1.4　标准库及模块名的查看

在 Python 开发过程中，如果不清楚如何使用标准库函数或者类、模块，可以通过以下方式进行查看。

1.4.1　Python 标准库的查看

官网 https://docs.python.org/3/library/index.html。

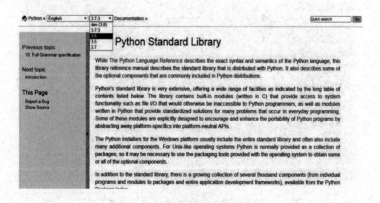

图 1-9　标准库官网网页示意图

另外，也可以登录 https://www.python.org，选择 Documentation，选择 Python 版本，进入 Parts of the documentation，在 Library Reference 里查看。

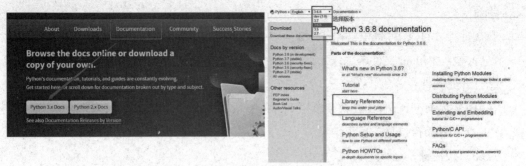

图 1–10　标准库的查看

1.4.2　模块的查看

使用命令：

（1）help("modules")。

在 IDLE 环境下，切换到英文输入状态输入 help("modules")，回车，会列出可用的模块名。

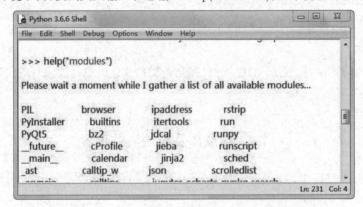

图 1–11　IDLE 交互式运行环境下列出可用的模块名

在 Python 运行环境下，输入同样的命令，也可以列出可用的模块名。

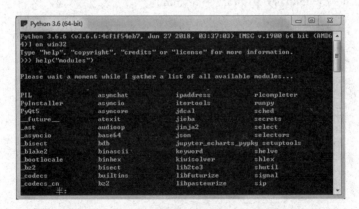

图 1–12　Python 运行环境下列出的模块名

（2）help(" 具体的模块名 ")。

使用 help(" 具体的模块名 ") 命令可以查看具体模块的具体用法。

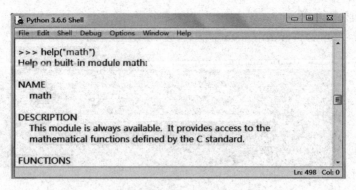

图 1-13　查看具体模块（如 math）用法

（3）dir(" 具体的模块名 ")。

输入 dir(" 具体的模块名 ") 命令可以查看模块包含的方法。

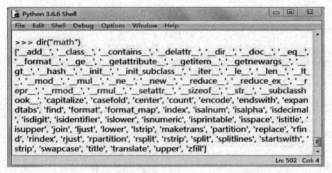

图 1-14　查看模块（如 math）包含的方法

1.5　应用 pip 工具安装 Python 扩展库

1.5.1　问题的引出

Python 虽然提供了功能强大的标准库，但是这些标准库的功能是通用的，如果遇到某一特殊领域的特殊问题，还需要在标准库基础上进一步编写代码实现业务需求。世界各地的 Python 爱好者编写分享了大量的扩展库，增强了 Python 的生命力，这也是 Python 流行的很重要的一方面。

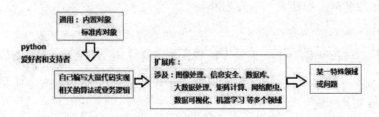

图 1-15　扩展库的产生

1.5.2 Python 扩展库

登录网址：https://pypi.python.org/pypi，可以查询并获取想要的 Python 扩展库。

图 1-16　扩展库的查询方式

图 1-17　扩展库列表

1.5.3 应用 pip 工具安装扩展库

安装扩展库的方法，主要有以下三种。

（1）源码安装（python setup.py install）。

（2）直接安装（.exe 文件）。

（3）pip 工具。

pip install 库名（包、模块）　　（下载模块）

pip install xxxxxxxxxxxxx.whl　　（下载的是 .whl 文件）

其中，pip 工具是安装 Python 扩展库的最常用方式。由于 2.7 及 3.4 版本以上的 Python 程序都自带了 pip 文件，使用 pip install 安装命令，最为简单、有效，前提是电脑需要联网。

1.5.4 pip 工具用途

查看本机已安装的 Python 扩展库。

Python 扩展库的安装、升级和卸载等操作。

常用 pip 命令如表 1-1 所示。

表 1-1　常用 pip 命令

命令格式	说　明
pip list	列出当前已安装的所有模块
pip install package_name	安装某个包（模块）
pip install package1 package2 ……	依次安装 package1 package2 …… 扩展模块
pip list —— outdated	查看过时的库
pip install —— upgrade package_name	升级某个模块
pip uninstall package_name	卸载某个模块

1.5.5　pip 工具安装扩展库

（1）安装步骤。

比如，需要安装图像处理模块 pillow。首先进入命令提示符环境，切换到 Python 安装目录所在的文件夹（pip 在 Scripts 文件夹下）。然后，在电脑联网状态下键入 pip install pillow 后回车即可。

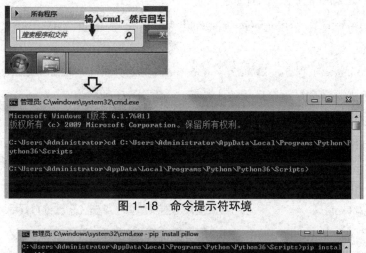

图 1-18　命令提示符环境

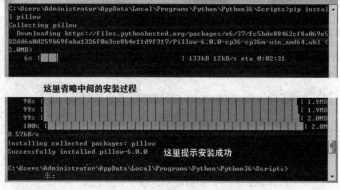

图 1-19　pillow 模块安装过程图示

（2）查看已安装的扩展库。

键入 pip list，可以查看已安装的扩展库。

```
管理员：C:\windows\system32\cmd.exe
C:\Users\Administrator\AppData\Local\Programs\Python\Python36\Scripts>pip list
Package                         Version
--------------------------------------------
altgraph                        0.16.1
Click                           7.0
cycler                          0.10.0
dukpy                           0.2.2
echarts-china-cities-pypkg      0.0.9
echarts-china-counties-pypkg    0.0.2
echarts-china-provinces-pypkg   0.0.3
echarts-countries-pypkg         0.1.6
et-xmlfile                      1.0.1
future                          0.17.1
javascripthon                   0.10
jdcal                           1.4.1
jieba                           0.39
Jinja2                          2.10.1
jupyter-echarts-pypkg           0.1.1
kiwisolver                      1.0.1
lml                             0.0.2
macholib                        1.11
macropy3                        1.1.0b2
```

图 1-20　列出已经安装的第三方库

（3）对于 .whl 格式的扩展库，比如：

numpy-1.14.5+mkl-cp36-cp36m-win_amd64.whl，

安装命令是：

pip install numpy-1.14.5+mkl-cp36-cp36m-win_amd64.whl

（4）提示：进入命令提示符环境的小技巧。如图 1-21 所示。

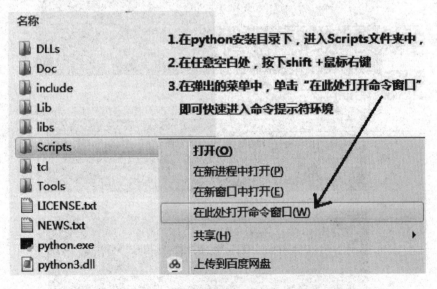

图 1-21　启动命令提示符环境图示

命令提示符环境如图 1-22 所示。

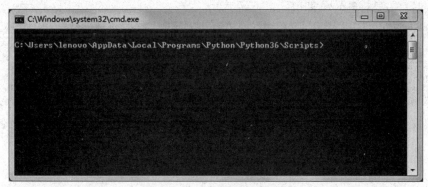

图 1-22　命令提示符环境

1.6　标准库与扩展库的导入与使用

1.6.1　问题的引出

如何导入与使用标准库或扩展库对象？

1.6.2　导入与使用

有三种方式可以导入标准库或扩展库。

（1）关键字 import　模块名【as 模块的别名】。

使用对象前，要加上模块名作为前缀，即：模块名 . 对象名。

```
>>>import  math        # 导入标准库 math
>>>math.sin(0.8)        # 求 0.8 的正弦（返回值以弧度为单位）
0.7173560908995228
>>>import math as m
>>>m.sin(0.8)
0.7173560908995228
```

（2）from 模块名 import　对象名【as 对象的别名】。

使用时只需要对象名 ( ) 即可。

```
>>>from math import sin      # 导入标准库 math 中的指定对象 sin
>>>sin(0.8)              # 求 0.8 的正弦（返回值以弧度为单位）
0.7173560908995228
>>> from math import sin as s
>>>s(0.8)
0.7173560908995228
```

（3）导入特定模块中的所有对象 from 模块名 import *。

使用时只需要对象名 ( ) 即可。

```
>>>from math import  *        #导入标准库 math 中所有对象
>>>sin(0.8)              #求 0.8 的正弦（返回值以弧度为单位）
0.7173560908995228
```

不建议使用该种方式，因为这种方式会降低代码的可读性，而且可能导致命名空间的混乱。

第2章

Python 语言基本语法元素

2.1 程序的格式框架

2.1.1 缩进

缩进表示一行代码前的空白区域,表示程序的格式框架,有单层缩进,也有多层缩进。缩进的特征:

严格明确 —— 缩进是语法的一部分,缩进如果不正确,程序提示格式错误。

所属关系 —— 表达代码间包含和层次关系的唯一手段。

长度一致 —— 程序内一致即可,一般用 4 个空格或者 1 个 TAB 表示。

(1)单层缩进格式

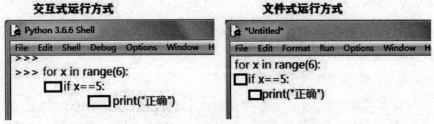

print 前面的空白区域叫作单层缩进。

(2)多层缩进格式

if 前面的空白区域是第一次缩进,print 前面的空白区域是第二次缩进,这种情况叫作多层缩进。

2.1.2 注释

注释仅用于提高代码的可读性,不被运行。

Python 程序中有两种注释方式:

单行注释:交互式与文件式运行环境均可用,以 # (井号键)开头,其后内容为注释内容,比如:

import math:# 导入模块名

多行注释:以 '''(三个单引号)或 """ (三个双引号)开头和结尾,一般用于文件式运行方式中,等同于每一行都用 #,比如:

''' 这里是注释的第一行

这里是注释的第二行 '''

2.1.3 空格

为了提高代码的可读性和可维护性,通常在二元运算符两边各放置一个空格符。二元运算符包括 =、复合运算符 (+= , -= 等)、比较运算符 (== , < , > , != , <> , <= , >= , in , not in , is , is not)、布尔运算符 (and , or , not) 等,优先级高的运算符或操作符的前后不建议有空格。举例如下:

```
i = i + 1
x += 1
y = x*2 - 1
z = x*x + y*y
c = (a+b) * (a-b)
```

2.2 变量及数据类型

2.2.1 变量

变量是指在 Python 程序中,由用户定义的用于保存和表示数据值的一种语法元素。

使用时无须预先声明,通过直接赋值(使用 "=")即可创建任意类型的对象变量。

比如:a = 3,a 就是变量名,3 是变量的值。

2.2.2 变量的命名规范

定义变量名时,需要注意的事项:

(1)变量名必须以字母或下划线开头,不能以数字开头,但是下划线开头的变量在 Python 中有特殊含义。

(2)变量名中不能有空格或标点符号,标点符号包括引号、逗号、括号、斜线、反斜线、冒号、句号、问号等。

（3）不能使用关键字作为变量名。关键字（keyword），也称为保留字，Python3.x 版本中共有 33 个。关键字查看如下。

```
>>>import keyword
>>>keyword.kwlist
['False', 'None', 'True', 'and', 'as', 'assert', 'break', 'class', 'continue', 'def', 'del', 'elif', 'else', 'except', 'finally', 'for', 'from', 'global', 'if', 'import', 'in', 'is', 'lambda', 'nonlocal', 'not', 'or', 'pass', 'raise', 'return', 'try', 'while', 'with', 'yield']
```

（4）不建议使用系统内置的模块名、类型名或函数名以及已导入的模块名及其成员名作为变量名，这会改变其类型和含义，甚至会导致其他代码无法正常执行。

```
>>>int(10.023)      # int( ) 是内置函数,把实数变成整数
10
>>>int = 10.023       # 此时 int 是一个变量名,不是函数
>>>int(10.023)        #若上一行 int= 整数,提示应为:'int' object is ……
Traceback (most recent call last):
File "<pyshell#27>", line 1, in <module>
int(10.023)
TypeError: 'float' object is not callable   # 提示类型错误
```

可以通过 dir(_ _builtins_ _) 查看所有内置对象名称。

```
>>>dir(_ _builtins_ _)
['ArithmeticError', 'AssertionError', 'AttributeError', 'BaseException', 'BlockingIOError', 'BrokenPipeError', 'BufferError', ……… 省略 ……… ]
```

（5）变量名对英文字母的大小写敏感,即要区分大小写。

例如:

a 与 A 是不同的变量。

（6）Python3.x 版本可以使用中文。

小结:

Python 采用大小写字母、数字、下划线、汉字等字符及其组合进行变量命名,长度没有限制,但是首字符不能是数字,不能出现空格与标点符号,大小写敏感,不能与关键字相同(不建议使用中文等非英语语言字符)。

变量的值是可以变化的,类型也随之发生改变。比如：a= 3,也可以改变为 a="3"。

a=3 时,变量值 3 为数字类型；a="3"时,变量值"3"为字符串类型。

2.2.3 数据类型

数据类型主要有：

数字型（digit）：int 整型,float 浮点型,complex 复数

布尔型（bool）：True/False（参与计算时,True=1,False=0）

字符串（str）：用一对引号（单、双、三单、三双等引号）作为定界符

列表（list）：用方括号 [] 作为定界符,如 [1,2,3]

元组（tuple）：用圆括号 () 作为定界符,如 (1,2,3)

字典（dict）：由键值对组成,用大括号作为定界符,如 { 'a':1, 'b':2}

集合（set）：用大括号作为定界符,如 {1,2,3,4}

```
# type 查看数据类型              >>>type("123")
>>>a = 123                      >>>type([1,2,3])
>>>type(a)                      >>>type((1,2,3))
>>>type（12.3）                  >>>type({'a':1, 'b':2, 'c':3})
>>>type(12+3j)                  >>>type({1,2,3})
>>>type(True)                   # 或
>>>type(False) ==bool           >>>print（type("123"), type([1,2,3]), type((1,2,3)),
                                type({a:1, b:2, c:3}, type({1,2,3}))
```

2.3 基本输入输出函数

2.3.1 输入、输出函数介绍

input( ) 和 print( ) 是 Python 的基本输入和输出函数。

input( )：接收用户从键盘输入的信息（字符串格式）。

print( )：将数据以指定的格式输出到标准控制台或指定的文件对象。

说明：

Python2.x 版本中有两个输入函数 input( ) 和 raw_input( ), input( ) 输入实数时, 它的值就是实数；而 raw_input( ) 不管输入的是什么, 它的值都是 string, 如果需要转换, 用 eval( ) 函数将值转换为实数。

在 Python3.x 版本中只有 input( ) 函数, 默认接收到的是 str 类型, 可以用 int( )、float( ) 等函数进行类型转换。

2.3.2 input 函数

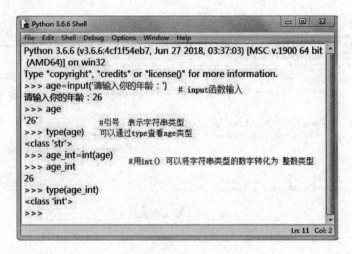

图 2-1 input 函数示意图

2.3.3 print 函数

print 函数是个内置函数,用于输出信息到标准控制台或指定文件。

【语法格式】

print(value1,value2,…, sep ='',end='\n',file = sys.stdout,flush =False)

说明:

value1, value2, …, 可以输出一项,或者多项。

sep 参数 —— 用于指定数据之间的分隔符,默认是空格。

end 参数 —— 连续的输出内容换行或不换行,默认是换行。

file 参数 —— 用于指定输出位置,默认为标准控制台,也可改为定向输出到文件。

flush 参数 —— 将缓存中的内容立即输出到标准控制台 (sys.stdout),实时显示。

【输出到控制台】

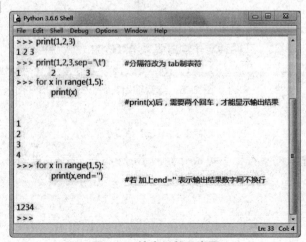

图 2-2 输出函数示意图

【输出到文件】

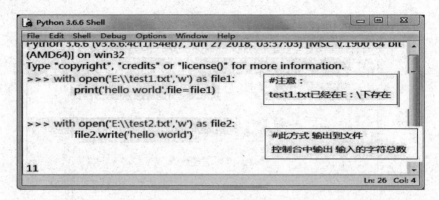

图 2-3　输出到文件

在 E:\ 下，查看输出的文件 test1.txt 和 test2.txt。

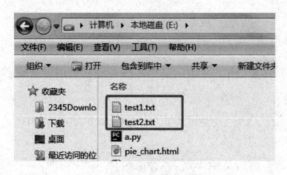

图 2-4　输出文件目录

图 2-5　查看输出文件

2.4　eval 函数

eval 函数是将输入的字符串去掉最外侧的引号，再按 Python 语句方式执行输出或其他命令。

【语法格式】

< 变量 >=eval(参数)

说明：

参数：一定是带引号的字符串，比如：' 数字或运算表达式 '，或者 ' " 字符串 " ' 等形式。

例如：

```
>>>a=10

>>>eval('a+2')     # 去掉最外层的 "，再进行加法运算。

12

>>>s = "abc"

>>>eval(s)

Traceback (most recent call last):

File "<pyshell#5>", line 1, in <module>

eval(s)

File "<string>", line 1, in <module>

NameError: name 'abc' is not defined#abc 未被定义。

>>>eval("s")      # 等价于 ' "abc"'

'abc'

>>>eval('"abc"')

'abc'

>>>list01 = '[a, b, c]'

>>>a = 10

>>>b = 2

>>>c = 1

>>>eval(list01)

[10, 2, 1]
```

第3章

基本数据类型

3.1　数字类型及其常用函数

Python 语言提供了 3 种数字类型：整数类型、浮点数类型、复数类型，分别对应数学中的整数、实数、复数。

3.1.1　整数类型

整数类型与数学中的整数的概念是一致的。

整数类型有 4 种进制表示：十进制、二进制、八进制、十六进制，默认是十进制。

3.1.1.1　不同进制整数的转换

可以通过内置函数 int( )、bin( )、oct( )、hex( ) 将整数分别转换为十进制、二进制、八进制、十六进制形式。

整数可以是二进制、八进制或十六进制整数，例如：

```
>>>bin(5)                      >>>oct(0b101)

'0b101'                        'Oo5'

>>>oct(5)                      >>>bin(Oo5)

'Oo5'                          '0b101'

>>>hex(5)                      >>>hex(0b101)

'0x5'                          '0x5'

>>>int(0x5)

5
```

从显示结果可以看到不同的进制开头的标志（注意：第一个是零）。

0b 开头：二进制整数。

0o 开头：八进制整数。

0x 开头：十六进制整数。

3.1.1.2 内置函数 int( )

int( ) 将其他形式的数字转换为整数,要求参数为整数、实数、分数或合法的数字字符串。特别是,对于字符串类型的数字,必须指定第二个参数,若有隐含的进制,必须与隐含的进制一致,否则可以是 2 ~ 36 间的数字。

例如:

```
>>>int(5.05)        # 结果 5

>>>int(0b101)        # 结果 5

>>>int(bin(5),2)        # 结果 5

>>>int("0b101",2)        # 第二个参数要与隐含进制一致,0b 隐含的是二进制

>>>int("111",6)  # 第一个参数无隐含进制,第二个参数可以是 2 ~ 36 间的数字,该代码是六进制,# 转换为十进制 =6²+6¹+1=43
```

3.1.2 浮点数类型

浮点数类型表示带有小数的数值,与数学中实数的概念一致。

有两种表示方法:一种是十进制形式,一种是科学计数法(10 为基数,用字母 e 或 E 作为幂的符号),例如:

1200.0   1.2e3

内置函数 float( ) 将十进制的其他形式的数据转换为实数,例如:

```
>>>float(3)        # 结果 3.0

>>>float("3.5")        #3.5
```

3.1.3 复数类型

复数类型表示数学中的复数。复数有一个基本单位元素 j, 称为"虚数单位"。含有虚数单位的数被称为复数。

内置函数 complex( ) 可用来生成复数,例如:

```
>>>complex(3)        # 指定实部,该例是 3  3+0j

>>>complex(3,5)        # 指定实部为 3,虚部为 5  3+5j

>>>complex('3+4j')        # 将字符串转换为复数  3+4j

>>>complex('inf')        # 无穷大  inf+0j
```

3.1.4 其他函数

abs( ):计算实数的绝对值或者复数的模。

divmod( ):同时计算两个数字的整数商和余数。

pow( ):计算幂。

round( )：对数字进行四舍五入。

例如：

```
>>>abs(-3)        #取绝对值为3
>>>abs(-3+4j)       #计算复数的模为5.0,实部与虚部的平方和的平方根,即:((-3)*2+4 * 2)的平方根
>>>divmod(8,5)     #同时返回商和余数(1,3)
>>>pow(2,3)       #幂运算,2的3次方,等价于2**3,结果为8
>>>pow(2,3,5)      #幂运算后,再取余数,等价于(2**3)%5,结果为3
>>>round(8/3,2)       #四舍五入,保留2位小数,结果为2.67
```

3.2　运算符

运算符主要包括算术运算符、比较运算符、赋值运算符、逻辑运算符、成员运算符、身份运算符以及集合运算符等。

3.2.1　算术运算符与比较运算符

（1）算术运算符。

算术运算符的种类。

算数运算符是运算符的一种,常用来处理四则运算。算术运算符如表3-1所示。

表3-1　算数运算符

运算符	描　述	实　例	运算结果	功能说明
+	加	10 + 20 "10" + "20"	30 '1020'	算术加法,正号; 列表、元组、字符串合并与连接
-	减	10 - 20 { 1 , 2 , 3 } - {1,2,4,5,6}	-10 {3}	算术减法,相反数; 集合差集
*	乘	10 * 20 "*" * 3	200 ***	算术乘法; 序列重复
/	除	10 / 20	0.5	算术除法
//	取整除	9 // 2	4	返回商的整数部分
%	取余数	9 % 2	1	返回余数
**	幂	2 ** 3	8	又称次方、乘方幂运算,等价于内置函数 pow( )

算术运算符的优先级。

和数学中的运算符的优先级一致,Python中进行数学计算时也有优先级,如表3-2中的算术运算符优先级由高到低。

表 3-2　算数运算符优先级

序　号	运算符	描　述
1	**	幂（最高优先级）
2	* / % //	乘、除、取余数、取整除
3	+ -	加法、减法

【注意】

①同级运算符是从左至右计算；

②可以使用（）调整计算的优先级。

例如：

```
#算术运算符的应用              输出结果：
>>>3 + 5*5                   28
>>>2 – 3**2                  –7
>>>2*5 + (3 + 2)/6           10.833333333333334
```

（2）比较（关系）运算符。

比较之后，条件成立则返回 True，若条件不成立则返回 False。比较运算符如表 3-3 所示。

表 3-3　比较运算符

运算符	含　义	描　述
==	等于	检查两个操作数的值是否相等，如果是，则条件成立，返回 True
!=	不等于	检查两个操作数的值是否不相等，如果是，则条件成立，返回 True
>	大于	检查左操作数的值是否大于右操作数的值，如果是，则条件成立，返回 True
<	小于	检查左操作数的值是否小于右操作数的值，如果是，则条件成立，返回 True
>=	大于等于	检查左操作数的值是否大于或等于右操作数的值，如果是，则条件成立，返回 True
<=	大于等于	检查左操作数的值是否小于或等于右操作数的值，如果是，则条件成立，返回 True

例如：

# 比较运算符	返回值：
>>>1 == 2	False
>>>1 != 2	True
>>>1 > 2	False
>>>1 < 2	True
>>>1 >= 2	False
>>>1 <= 2	True

3.2.2 赋值运算符与逻辑运算符

（1）赋值运算符（又称为加强赋值操作符）。

在 Python 中，使用"="可以给变量赋值。在算术运算时，为了简化代码的编写，Python 还提供了一系列的与算术运算符对应的赋值运算符。如表 3-4 所示。

表 3-4 赋值运算符

运算符	描 述	实 例
=	简单的赋值运算符	c = a + b 将 a + b 的运算结果赋值为 c
+=	加法赋值运算符	c += a 等效于 c = c + a
-=	减法赋值运算符	c -= a 等效于 c = c - a
*=	乘法赋值运算符	c *= a 等效于 c = c*a
/=	除法赋值运算符	c /= a 等效于 c = c / a
//=	取整除赋值运算符	c //= a 等效于 c = c // a（取商的整数部分）
%=	取余数赋值运算符	c %= a 等效于 c = c % a（取商的余数部分）
**=	幂赋值运算符	c **= a 等效于 c = c a（c 的 a 次幂，a 个 c 相乘）

注意：赋值运算符中间不能使用空格，运算顺序是先计算出"="右边的结果，再执行"="赋值给左边的变量。

例如：

>>>a = 1
>>>a += 2 #等价于 a = a+2，先计算右边，再赋值给 a，a=3
>>>b = 2
>>>b *= 3 + 2 #先计算"="右边，再计算"*="，即此式等价于 b=b * (3+2)=10

```
>>>c = 3
>>>c += 3/2    # 等价于 c = c + 3/2 =4.5
```

（2）逻辑运算符（and/or/not 用于判断）。

逻辑运算符一般应用在条件判断语句中。如表 3-5 所示。

表 3-5　逻辑运算符

运算符	含　义	表达式	描　　述
and	布尔'与'	x and y	只有 x 和 y 的值都为 True,才会返回 True,否则,就返回 False
or	布尔'或'	x or y	只要 x 或者 y 有一个值为 True,就返回 True;只有 x 和 y 的值都为 False,才会返回 False
not	布尔'非'	not x	如果 x 为 True,返回 False;如果 x 为 False,返回 True

例如：

```
>>>a = 1
>>>b = 3
>>>a<2 and b<4
True
>>>a<2 or b<1
True
>>>not a>3
True
```

（3）运算符的优先级。

表 3-6 的算数优先级由高到低顺序排列。

表 3-6　运算符的优先级

次　序	运算符	描　述
1	**	幂（最高优先级）
2	* / % //	乘、除、取余数、取整除
3	+ -	加法、减法
4	<= < > >=	比较运算符
5	== !=	等于运算符
6	**= %= *= /= //= -= += =	赋值运算符
7	not or and	逻辑运算符

3.2.3　成员、身份与集合运算符

（1）成员运算符。

除了以上的一些运算符之外，Python 还支持成员运算符，测试实例中包含了字符串、列表或元组等一系列的成员。如表 3-7 所示。

表 3-7 成员运算符

运算符	含 义	描 述
in	在……里面	例：x in 序列名 如果在指定的序列中找到值返回 True,否则返回 False
not in	不在……里面	例：x not in 序列名 如果在指定的序列中没有找到值返回 True,否则返回 False

例如：

```
>>># 成员运算符 in
>>>1 in (1,2)
True
>>>1 not in (1,2)
False
```

（2）身份运算符。

身份运算符用于比较两个对象的存储单元。如表 3-8 所示。

表 3-8 身份运算符

运算符	含 义	描 述
is	是	例：x is y 等价于 id (x) == id(y) 引用相同。 is 用来判断两个标识符是不是引用自同一个对象。注：id( ) 函数用于获取对象内存地址
is not	不是	例：x is not y 等价于 id（x）! =id（y）引用不同。 is not 是判断两个标识符是不是引用自不同对象

例如：

```
# 身份运算符 is ; is not
>>>a = 3
>>>b = 3
>>>a is b  # 等价于 a == b
True
>>>id(a)   # 引用地址
>>>id(b)
>>>a is not b  # 等价于 a != b
False
```

（3）集合运算符

集合运算符用于实现集合的交集、并集、差集和对称差集等运算。如表3-9、图3-1所示。

表3-9　集合运算符

运算符	含　义
&	交集
|	并集
—	差集
^	对称差集

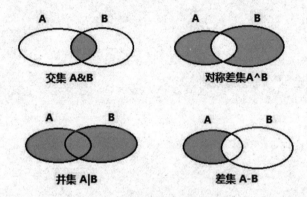

图3-1　集合运算示意图

例如：

```
#集合运算符
>>>a = {1,2,3,4,5}
>>>b = {4,5,6,7,8}
>>>a & b
{4,5}
>>>a|b
{1,2,3,4,5,6,7,8}
>>>a-b
{1,2,3}
>>>a ^ b
{1,2,3,6,7,8}
```

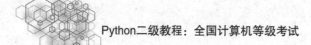

3.3 字符串的创建

文本格式的文字、数字、符号等,用英文半角引号(单、双、三单/三双引号)定义。

字符是经过编码后表示信息的基本单位,字符串是字符组成的序列。

Python 语言使用 Unicode 编码表示字符。

3.3.1 创建单、多行字符串

(1)单行字符串:单引号' 字符串 '或双引号 " 字符串 " 引起来。

```
>>>a = 'Hello world!'    # 等价于 a = "Hello world! "

>>>a

'Hello world!'

>>>print(a)

Hello world!

# 注意:交互式编辑环境中,利用交互方式和 print( ) 输出结果显示的区别。
```

(2)多行字符串:三单引号 ''' 字符串 ''' 或三双引号 """ 字符串 """ 引起来。

```
>>>b = ''' 多于一行的文字,称为多行字符串,需要使用三个单引号,然后在行之间输入
回车。这是多行字符串或大段字符串:我们生活在数的世界里,每时每刻都与各种数字
打交道。培养自己的耳朵对英文数字保持敏感是听力训练中一项必不可少的基本功。'''
>>>print(b)
```

多于一行的文字,称为多行字符串,需要使用三个单引号,然后在行之间输入回车。这
是多行字符串或大段字符串:我们生活在数的世界里,每时每刻都与各种数字打交道。
培养自己的耳朵对英文数字保持敏感是听力训练中一项必不可少的基本功。

```
# 注意: print( ) 输出结果
```

3.3.2 反斜杠字符的用途

(1)续行符:如果字符串写了一部分需要换行继续写,用续行符"\"。

例如:

```
>>>c = 'ddd\

fff'

>>>c

'dddfff'

>>>print(c)

dddfff
```

(2)"\"转义符:"\n"表示换行;"\' "表示输出"'";"\\"表示输出"'"。

例如：

```
>>>a = 'dfdf\nsdf'
>>>a
'dfdf\nsdf'
>>>print(a)
dfdf
sdf
```

3.3.3 多种引号混用

字符串中，有多种引号混用时，需要加以区别。(三个单引号，或三个双引号)

例如：

把 " 他说 " 他要努力学习 ' 蟒蛇 '，将来做一个优秀的编程师！ "" 赋值给 d。

【解析】

```
>>>d =" 他说 " 他要努力学习 ' 蟒蛇 '，将来做一个优秀的编程师！ ""
>>>print(d)
```

报错：SyntaxError: invalid syntax（语法错误：无效的语法）

修改：用有别于代码内部的引号。

方法 1：''' 用三单引号 ''' 或 """ 用三双引号 """。

```
>>>d=''' 他说 " 他要努力学习 ' 蟒蛇 '，将来做一个优秀的编程师！ " '''
>>>print(d)
他说 " 他要努力学习 ' 蟒蛇 '，将来做一个优秀的编程师！ "
>>>d = """ 他说 " 他要努力学习 ' 蟒蛇 '，将来做一个优秀的编程师！ " """
# 后面的三个引号与前面的一个引号，留一个空格，否则报错。
>>>print(d)
```

他说 " 他要努力学习 ' 蟒蛇 '，将来做一个优秀的编程师！ "。

方法 2：转义字符 \ 反斜杠。

```
>>>d =" 他说 \" 他要努力学习 ' 蟒蛇 '，将来做一个优秀的编程师！ \""
>>>print(d)
```

他说 " 他要努力学习 ' 蟒蛇 '，将来做一个优秀的编程师！ "

【要点小结】

字符串的创建：单引号 双引号 三单或三双引号。

单行、多行。

反斜杠 \ 的用途：续行符、转义符。

\n \t \' \" \\（用 print() 输出）。

3.4　字符串的索引与切片

3.4.1　字符串索引

【索引】索引号的顺序

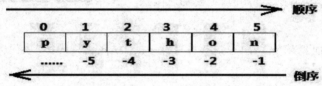

图 3-2　索引编号示意图

索引编号从 0 开始，从左到右按顺序增大；从 –1 开始，从右到左按倒序依次减小。

3.4.2　字符串切片

切片译自英文单词 slice，即表示其中的一部分。

使用索引值来限定范围（左闭右开），根据步长从原序列中取出一部分组成新序列；

此方法适用于字符串、列表、元组。

【语法格式】

字符串名 [开始索引：结束索引：方向与步长]。

方向为正表示顺序（正序）；方向为负表示逆序（倒序）。例如：

str01 = "python"

str01[1 : 5 : 2]　　#表示从第 1 个字符 y 开始提取到第 5-1 个字符，每隔 2 个字符提取一个，即把 yh 提取出来。

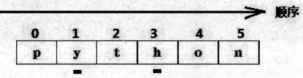

图 3-3　索引编号提取示意图

注意:

指定的区间属于左闭右开型:开始索引 <= 范围 < 结束索引,从起始位开始,到结束位的前一位结束(不包含结束位本身)。

从头开始,开始索引数字可以省略,冒号不能省略,比如: str[:5: 步长]。

到末尾结束,结束索引数字可以省略,冒号不能省略,比如: str[2:: 步长]。

步长默认为 1,如果元素连续,数字和冒号都可以省略,比如: str[1:5]。

【索引的顺序和倒序】

在 Python 中不仅支持顺序索引,同时还支持倒序索引。

所谓倒序索引就是从右向左计算索引(方向与步长位置是负值)。

3.4.3 练习

【练习题】 str01 = "abcdeABCDE"

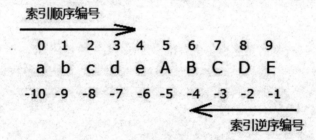

图 3–4 索引编号练习示意图

(1)由索引 —> 字符串。

①截取索引从 2 ～ 5 位置的字符串。

②截取索引从 2 ～ 末尾的字符串。

③截取索引从 开始 ～ 5 位置的字符串。

④截取完整的字符串。

⑤索引从开始位置,每隔一个字符截取字符串(步长 =2)。

⑥从索引 1 开始,每隔一个取一个(步长 =2)。

⑦截取索引从 2 ～ "末尾 – 1"的字符串。

⑧截取字符串末尾两个字符。

⑨字符串的逆序(步长 =1)。

```
str01 = "abcdeABCDE"

str01[2:6]    # 截取索引从 2 到 5 位置的字符串,注意索引区间是左闭右开

str01[2:]   # 截取索引从 2 到 末尾的字符串

str01[:6]   # 截取索引从 开始到 5 位置的字符串

str01[:]     # 截取完整的字符串;等价于 print(str_01[0:])

str01[::2]    # 从开始位置,每隔一个字符截取字符串

str01[1::2]   # 从索引 1 开始,每隔一个取一个

str01[2:-1]   # 截取从索引 2 到 "末尾 - 1" 的字符串

str01[-2:]    # 截取字符串末尾两个字符

str01[::-1]    # 字符串的逆序(步长为 1)# str[-1::-1 ]
```

（2）字符 —> 索引。

'A'的索引   （查询的是字符串中首次出现该单字符的索引）。

```
>>>str01 = "abcdeABCDE"

>>>str01.index("A")  #A 的索引

5

>>>str02 = "AabcdeABACADE"

>>>str02.index("A")  # A 的索引

0
```

3.5 字符串的操作运算符

字符串的操作运算符种类。见表 3–10。

表 3–10 字符串的操作运算符

运算符	描　述	支持的数据类型
+	合并 / 拼接	字符串、列表、元组
*	重复	字符串、列表、元组
成员运算符 in / not in	元素是否(不)存在	字符串、列表、元组、字典 (对字典操作时,判断的是字典的键)

运算符	描　述	支持的数据类型
比较运算符 > >= == < <=	元素比较	字符串、列表、元组

3.5.1　字符串的加法

字符串的加法有合并 / 拼接功能，字符串之间用"+"连接，表示拼接句子、单词、词组等，连续显示。

例如：

将两个变量，连在一起。

```
>>>a = "Hello, python!"
>>>b = "Hello, world!"
>>>a + b
'Hello, python!Hello, world!'
```

3.5.2　字符串的乘法

字符串的乘法用 * 表示重复显示。

例如：

打印 5 遍 hello 。

```
>>>"hello"*5　#等价于 5 *"hello"
'hellohellohellohellohello'
```

3.5.3　成员运算符

in 和 not in 被称为成员运算符，用于测试序列中是否包含指定的成员。

例如：

判断"9"是否在 ("1","2","3") 中，显示判断的结果。

【交互式运行方式的缩进】

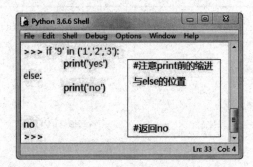

【文件式运行方式的缩进】

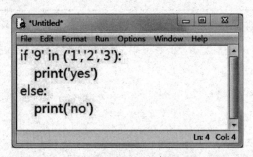

图3-5 编辑器中的代码缩进

3.5.4 比较运算符

表3-11 比较运算符

比较运算符	返回值	支持的数据类型
> >= == < <=	True / False	字符串、列表、元组

例如：

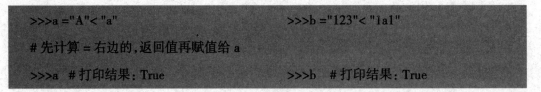

```
>>>a ="A"< "a"                          >>>b ="123"< "1a1"
# 先计算 = 右边的,返回值再赋值给 a
>>>a   # 打印结果：True               >>>b   # 打印结果：True
```

字符串比较的标准：ASCII 码、Unicode 编码表中的编码值。

例如：数字与字母的大小排序。

升序排列：

若为字母：A——Z ——a——z（大写在前,小写在后）。

若为数字：从小到大。

数字与字母的字符串混合排序：数字 < 大写字母 < 小写字母。

多个字符串比较时（从首位字符开始——逐步比较）,先比较首位字符的大小,若相等,再比较第二个的字符（对字符串进行遍历）；若不相等,返回 True 或 False。

Python 中提供了两个函数用于在单字符和 Unicode 编码值之间进行转换。

chr(数字) 函数：返回 Unicode 编码值对应的字符。

ord(单字符) 函数：返回单字符对应的 Unicode 编码值。

分别查看下列字符的返回值：1 2 A a 啊 阿 \。

ord( ) 函数:编码表中的顺序号：

代码：ord("1"),ord("2"),ord("A"),ord("a"),ord(" 啊 "),ord(" 阿 ")

返回结果：(49，50，65，97，21834，38463)

chr( ) 函数字符：

代码：chr(49), chr(50), chr(65), chr(97), chr(21834), chr(38463)

返回结果：1 2 A a 啊 阿

练习:请尝试 0x025b、0x2708、0x00A5、0x266B 这 4 个 Unicode 值。

【要点小结】

字符串的操作运算符种类。

+ *

成员运算符 in/ not in

比较运算符 > >= == < <=

ord( ) 函数 chr( ) 函数

3.6 字符串的格式化

字符串格式化用于解决字符串与变量同时输出时的格式设置问题。

【语句格式】

str.format( )

str 是一个有字符串和槽组成的字符串,用于控制字符串和变量的显示效果,槽用大括号 { } 表示。

format（参数） #多个参数时,用逗号隔开。

str 中槽内的内容用参数来表示,参数的位置可以按默认顺序,也可以按指定顺序设置。

3.6.1 槽与参数的顺序对应关系

（1）默认顺序。

例如：

#字符串格式化输出：大家好，我是____，是克拉欧德大数据的____。

>>>" 大家好，我是 {},是克拉欧德大数据的 {}。".format("Linda"," 培训讲师 ")

槽与参数对应关系：

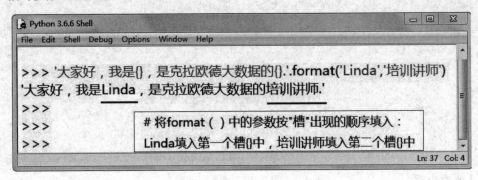

（2）指定顺序。

根据字符串槽中指定参数的索引，在相应的位置填入参数。

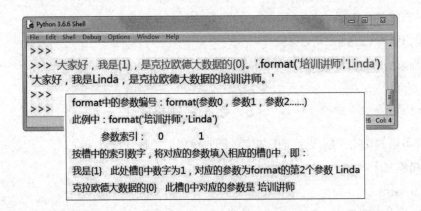

例如：

#字符串格式化输出：大家好，我是____,是克拉欧德大数据的____。

>>>" 大家好，我是 {1},是克拉欧德大数据的 {0}。".format("Linda"," 讲师 ")

' 大家好，我是讲师，是克拉欧德大数据的 Linda。'

>>>a = "Linda"

>>>b = " 讲师 "

>>>" 大家好,我是 {1},是克拉欧德大数据的 {0}。".format(b, a)

' 大家好,我是 Linda,是克拉欧德大数据的讲师。'

>>>" 大家好,我是 {1},是克拉欧德大数据的 {1}。".format(b, a)

' 大家好,我是 Linda,是克拉欧德大数据的 Linda。'

（3）{} 作为转义符。

输出的字符串中应该输出 {},而不是作为槽,怎么办呢?

"{{" 输出 "{"

"}}" 输出 "}"

例如:

#字符串格式化输出:大家好,我是____, { 是克拉欧德大数据的____}。

>>>" 大家好,我是 {},{{ 是克拉欧德大数据的 {}}}。".format("Linda", " 讲师 ")

' 大家好,我是 Linda,{ 是克拉欧德大数据的讲师 }。'

3.6.2　format 方法的格式控制

format( ) 方法的槽除了包括参数的索引,还可以包括格式控制信息。

【语法格式】

"{< 参数索引 >:< 格式控制标记 >}".format()

　　: 这里的冒号称为引导符号。

　　格式控制标记有 < 填充字符 >、< 对齐 >、< 宽度 >、<, >、<. 精度 >、< 类型 >。

　　< 填充字符 > 用于填充的单个字符(默认空格)。

　　< 对齐 >　　< 左对齐(默认); > 右对齐;^居中对齐。

　　< 宽度 >　　槽的设定输出宽度,若小于实际字符长度,输出原字符串。

　　<, >　　　数字的千位分隔符,适用于整数和浮点数。

　　<. 精度 >　　浮点数小数部分的精度或字符串的最大输出长度。

　　< 类型 >　　整数类型 b c d o x X。

　　　　　　　浮点数类型 e E f %。

上述表示格式控制标记的字段,都是可选的,可以组合使用。

（1）格式控制标记: < 填充字符 >、< 对齐 >、< 宽度 >。

　例如:

>>>a = " 克拉欧德大数据 "

>>>"{:25}".format(a)　　　#指定输出的字符串宽度为 25 个字符,默认左对齐。

'克拉欧德大数据   ' #7 个汉字 +18 个空格 =25

```
>>>"{:^25}".format(a)    # 居中对齐
'     克拉欧德大数据     '
>>>"{:*^25}".format(a)      # 用 * 填充
'********** 克拉欧德大数据 *********'
```

例如用变量表示格式控制标记

```
>>>a = " 克拉欧德大数据 "
>>>y = "-"
>>>z = "^"
>>>"{0:{1}{3}{2}}".format(a , y , 25 , z)    # 等价于 "{:-^25}".format(a)
'---------- 克拉欧德大数据 ----------'
```

（2）格式控制标记：<,> 。

主要用于对数值本身的规范。

例如：

```
>>>a = 1234567890
>>>"{:-^25}".format(a)
'--------1234567890---------'
>>>"{:-^25,}".format(a)
'--------1,234,567,890---------'
```

（3）格式控制标记：< . 精度 >。

对于浮点数，精度表示小数部分输出的有效位数，即小数点后的位数。

对于字符串，精度表示输出的最大长度，即字符的个数。

与 < 宽度 > 不同，若精度设定长度小于实际长度时，根据精度设定长度，截取前一部分。

例如：

```
>>>"{:-^25.2f}".format(123456.123456)
'---------123456.12---------'
>>>"{:.4}".format(" 克拉欧德大数据 ")   # 要求精度为 4，即 4 个字符。
' 克拉欧德'
```

（4）格式控制标记：< 类型 >。

主要用于对整数和浮点数类型的格式规定。

整数类型：

  b 输出整数的二进制方式。

  d 输出整数的十进制方式。

  o 输出整数的八进制（oct）方式。

  x 输出整数的小写十六进制（hex）方式。

  X 输出整数的大写十六进制（hex）方式。

浮点数类型：

  e 输出浮点数对应的小写字母 e 的指数形式。

  E 输出浮点数对应的大写字母 e 的指数形式。

  f 输出浮点数的标准浮点形式。

  % 输出浮点数的百分比形式。

  浮点数输出时，使用 <. 精度 > 控制小数部分的输出长度，有助于更好的控制输出格式。

  c：输出整数对应的 Unicode 字符。

例如：

```
>>>"{0:b},{0:d},{0:o},{0:x},{0:X}".format(123)  # 整数类型
'1111011,123,173,7b,7B'
>>>"{0:e},{0:E},{0:f},{0:%}".format(1.23)      # 浮点数类型
'1.230000e+00,1.230000E+00,1.230000,123.000000%'

>>>"{0:.2e},{0:.2E},{0:.2f},{0:.2%}".format(1.23) # 加上精度,控制小数位的个数
'1.23e+00,1.23E+00,1.23,123.00%'

>>>"{:c}".format(425)     # 返回整数对应的 Unicode 字符
'Σ'
```

【要点小结】

字符串格式化输出。

str.format()，槽用大括号 { } 表示。

format（参数）：

参数是提供 str 中槽内的内容，按默认顺序或指定顺序设置。

格式控制标记：< 填充字符 >< 对齐 >< 宽度 ><, >< . 精度 >< 类型 >。

3.7　字符串处理的函数及方法

3.7.1　字符串的相关内建函数

列举几个常用的字符串内建函数，见表 3-12。

表 3-12　字符串内建函数

函　数	说　明
len(x)	返回字符串 x 的长度（字符个数），也可返回其他组合数据类型的元素个数，以 Unicode 字符为计数基础。中英文字符及标点字符等都是 1 个长度单位。 例：a = "python!" len(a)　＃打印结果：7（！标点符号也算一个）
str(x)	返回任意类型 x 所对应的字符串形式
chr(x)	返回 Unicode 编码值 x 对应的单字符
ord(x)	返回单字符 x 表示的 Unicode 编码值
hex(x)	返回整数 x 对应十六进制小写形式的字符串
oct(x)	返回整数 x 对应八进制小写形式的字符串
max(x)	返回字符串 x 中对应的 Unicode 编码值最大的单字符
min(x)	返回字符串 x 中对应的 Unicode 编码值最小的单字符

例如：

```
>>>len(" 全国计算机等级考试 Python 语言科目 ")　＃返回 19

>>>str(10)　　＃返回 '10'

>>>str(0x2A)　　＃返回十六进制整数 0x2A 对应的十进制字符串 '42'

>>>hex(10)　　　＃返回十进制 10 对应的十六进制字符串 '0xa'

>>>oct(5)　　　＃返回十进制 5 对应的八进制字符串 '0o5'

>>>oct(-5)　　　＃返回十进制 5 对应八进制字符串 '-0o5'

>>>max("hello")　＃返回编码值最大的单字符 'o'

>>>min("hello")　＃返回编码值最小的单字符 'e'
```

3.7.2　字符串的处理方法

方法：是程序设计中的一个专有名词，属于面向对象程序设计领域。在 Python 解释器内部，所有数据类型都采用面向对象方式实现，因此，大部分数据类型都有一些处理方法。

表 3-13 字符串的处理方法

方　法	说明（ a = "HELLO_a_python!" ）
str.count(字符或字符串)	计算某字符或字符串或标点出现的次数 例：a.count（"o"） # 输出：1 a.count（"the"） # 输出：0
str.index(某字符)	某字符第一次出现的索引 例：a.index（"L"） # 输出：2
str.capitalize( )	字符串的第一个字符大写，其余小写 例：a.capitalize( ) # 输出：Hello_a_python!
str.title( )	把字符串的每个单词首字母大写 例：a.title( ) # 输出：Hello_A_Python!
str.lower( )	转换 string 中所有大写字符为小写 例：a.lower( ) # 输出：hello_a_python!
str.upper( )	转换 string 中的小写字母为大写 例：a.upper( ) # 输出：HELLO_A_PYTHON!
str.swapcase( )	翻转 string 中的大小写 例：a.swapcase( ) # 输出：hello_A_PYTHON!

【与函数区别】

方法也是一个函数，只是调用方式不同。

函数采用 func（x）方式调用，如 len（x）；

方法则采用 < 对象 >.func(x) 形式调用，列举一二，比如：

（1）方法：str.split(sep)。

str.split(sep) 是一个经常使用的字符串处理方法。

用途：根据 sep 分割字符串 str。

参数：sep 不是必需的，默认采用空格分割，sep 可以是单字符也可是字符串。

返回值：分割后的内容以列表形式返回。

例如：

```
>>>"Python is our friend.".split()  #根据字符串中的空格进行分割
['Python', 'is', 'our', 'friend.']
>>>"Python is our friend.".split('n')
['Pytho', ' is our frie', 'd.']        #注意空格是保留的
```

（2）方法：str.replace(old, new)。

str.replace(old, new) 将字符串中出现的 old 字符串替换成 new 字符串，old 字符串与 new 字符串长度可以不同。

例如：

```
>>>"Python is our friend.".replace('our','your')

'Python is your friend.'
```

（3）方法：str.center(width, fillchar)。

str.center(width,fillchar) 方法返回长度为 width 的字符串。其中，字符串 处于新字符串中心位置，两侧新增字符采用 fillchar 填充，当 width 小于字符串长度时，返回原字符串。

用途：返回长度为 width 的字符串，原字符串处于新字符串的中心位置。

参数：width 是字符串长度；fillchar 是需要填充的单个字符。

返回值：以字符串形式返回。

例如：

```
>>>'Python is our friend.'.center(30,'=') # 格式化 "{:=^30}'.format( 字符串 )

'====Python is our friend.====='

>>>'Python is our friend.'.center(10,'=') # 格式化 "{:=^10}'.format( 字符串 )

'Python is our friend.'          #若长度小于原字符串,返回原字符串
```

（4）方法：str.strip(chars)。

用途：该方法用于删除 str 字符串头尾中参数 chars 指定字符（默认空格或换行符）。

注意：该方法只能删除开头或是结尾的字符，不能删除中间部分的字符。

参数：chars 是字符串或符号或单字符。

返回值：返回新字符串。

其他：对字符串的操作，不会改变原来字符串，而是操作之后形成新的字符串。

例如，下面例子中的字符串 a，不会发生改变。

```
>>>"====Python is our friend.=====".strip('=') #将字符串中的 "=" 去掉

'Python is our friend.'

>>>a = "|Python is our friend." #竖条表示空格。

>>>a.strip('|')   # 等价于 a.strip() 但不等价于 a.strip('')

'Python is our friend.'

>>>a.strip('f.ned') #包含字符串 a 头或尾部的字符,可以不按顺序填入
```

'Python is our fri'

>>>a.strip(' Pf.nyed')

'thon is our fri'

>>>a.strip('fnyed')　#没有包含字符串a头或尾部的字符

'Python is our friend.'

>>>a

'Python is our friend. '

（5）方法：str.join(iter)。

str.join(iter)方法将字符串、元组、列表中的元素以指定的字符（分隔符）连接生成一个新的字符串。

用途：将字符串插入iter变量的元素之间，形成新的字符串。

参数：iter是一个具备迭代性质的变量；

返回值：返回新字符串。

例如：

>>>"=hello".join('ABC')　#A元素 原字符串 B元素 原字符串……

'A=helloB=helloC'

>>>", ".join('ABC')

'A, B, C'

【要点小结】

字符串处理的函数及方法

函数：len( )　str( )　chr( )　ord( )　max( )　min( )　hex( )　oct( )……

方法：lower( )　upper( )　count( )　split( )　replace( )　center( )　strip( )　join( )…:

3.8　类型判断和类型间的转换

Python语言提供type（x）函数对变量x进行类型查看与判断，适用于任何数据类型。

基本数据类型：数字类型（int、float、complex）、字符串类型str、布尔类型bool。

3.8.1 查看类型

【语法格式】type(x)

例如：

```
>>>a = 10
>>>type(a)
<class 'int'>
>>>type(10.12)
<class 'float'>
>>>b = "10"
>>>c =True
>>>print(type(b),type(c))
<class 'str'> <class 'bool'>
>>>d = (1,2,3)
>>>e = [1,2,3]
>>>f = {"a":1,"b":2}
>>>h ={1,2,3}
>>>print(type(d),type(e),type(f),type(h))
<class 'tuple'> <class 'list'> <class 'dict'> <class 'set'>
```

3.8.2 类型间的转换

【语法格式】

int(x)　转换为整型（x：浮点数或字符串）

float(x)　转换为浮点型（x：整数或字符串或布尔类型）

str(x)　转换为字符串类型（x：整数或浮点数或布尔类型）

例如：

```
>>>a = 10      # 整数 ——> 浮点数、字符串
>>>float(a)
10.0
>>>str(a)
'10'
```

```
>>>a = 10      # 整数 ——> 浮点数、字符串

>>>float(a)

10.0

>>>str(a)

'10'

>>>b = 5.68    # 浮点数 ——> 整数、字符串

>>>int(b)

5

>>>str(b)

'5.68'

>>>c = "10"        # 字符串 ——> 整数、浮点数

>>>int(c)

10

>>>float(c)

10.0
```

【要点小结】

基本数据类型判断：type（x）函数。

基本数据类型间的转换：int( )、float( )、str( )。

第4章

程序的控制结构

4.1　程序的三种控制结构

程序控制结构是指程序以某种顺序执行的一系列代码,用于解决某个问题。

表达程序控制结构的方式称为程序流程图,主要用于关键部分的程序分析和过程描述,由一系列图形、流程线和文字说明等组成。

流程图包括7种基本元素,如图4-1所示。

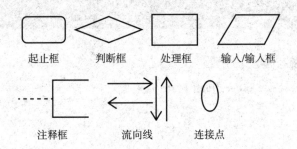

起止框　　　判断框　　　处理框　　　输入/输出框

注释框　　　　流向线　　　连接点

图4-1　流程图元素

各基本元素的含义如下。

起止框:表示程序逻辑的开始或结束。

判断框:表示一个判断条件,并根据判断结果选择不同的执行路径。

处理框:表示一组处理过程,对应于顺序执行的程序逻辑。

输入 / 输出框:表示程序中的数据输入或结果输出。

注释框:表示程序的注释。

流向线:表示程序的控制流,以带箭头直线或曲线表达程序的执行路径。

连接点:表示多个流程图的连接方式,用于将多个较小流程图组织成较大流程图。

程序由3种基本结构组成:顺序结构、分支结构和循环结构。无论多么复杂的算法均可通过这三种基本控制结构构造出来。每种结构仅有一个入口和出口。

各种结构的流程示意图如图 4-2 ~ 4-4 所示。

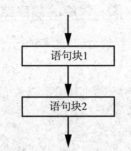

图 4-2   顺序结构流程图

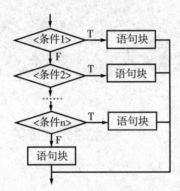

图 4-3   分支（选择）结构流程图

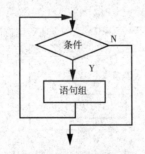

图 4-4   循环结构流程图

分支结构的扩展：异常处理 try-except 关键字（或称保留字），如图 4-5 所示。

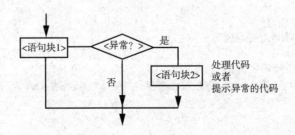

图 4-5   分支结构扩展图

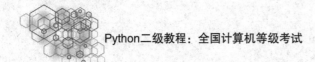

4.2　程序的顺序结构

顺序结构是指程序按照线性顺序依次执行的一种运行方式。

例如：

```
>>>a = 10
>>>eval('a+2')
12
>>>b = 'hello world'
>>>b
'hello world'
```

4.3　程序的分支结构

分支结构 if 语句包含单分支结构、二分支结构、多分支结构和分支结构的嵌套。

4.3.1　单分支结构（图4-6）：if 语句

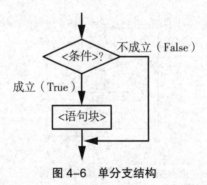

图 4-6　单分支结构

【语句格式】

　　if语句单分支结构的语句格式

　　　　if　<条件语句>：

　　　　　　　<语句块1>　　　　#条件成立(即条件判断结果返回值为True)时，执行<语句块1>

例如：

```
# 注意：在代码编辑器编写代码
if "9" in ("1","2","3"):   # 一个条件
    print("yes")
print("*"*20)
if "9" in ("1","2","3") or 9>8:   # 多个条件组合 and/or
    print("yes")
print("*"*20)
```

4.3.2　二分支结构（图 4-7）：if-else 语句

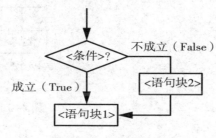

图 4-7　双分支结构

【语句格式】

```
if <条件>：冒号
    <语句块 1>    # 条件成立（条件判断结果返回值 True）
else：冒号
    <语句块 2>    # 条件不成立（条件判断结果返回值 False）
```

例如：

```
# 文件式程序代码
if "9" in ("1","2","3"):   # 一个条件；也可以多个条件组合
    print("yes")
    print(" 条件成立 ")
else :
    print("no"*2)
    print(" 条件 不 成立 ")
```

【要点小结】

程序基本结构：分支结构。

单分支结构（if 语句）、二分支结构（if-else 语句）。

4.3.3 多分支结构（图 4-8）：if-elif-else 语句

【语句格式】

if < 条件 >:

   < 语句块 >

elif < 条件 >:

   < 语句块 >

elif < 条件 >:

   < 语句块 >

……

else:

   < 语句块 >

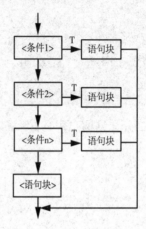

图 4-8 多分支结构

例如：

```
# 文件式程序代码

a=int(input(' 考试成绩 '))  #int 或者 float 进行转换

if  a >= 90：  # 一个条件；也可以多条件组合

    print("A 等级 ",end='')

    print(" 成绩优秀 ")

elif 75 < = a < 90:

    print("B 等级 , 成绩良好 ")

elif 60 < = a < 75:

    print('C 等级 , 成绩合格 ')

else:

    print('D 等级 , 成绩不合格 ')
```

4.3.4 分支结构的嵌套(图4-9)：

【语句格式】

if < 条件 >:

 < 语句块 >

  if < 条件 >:

   < 语句块 >

  else:

   < 语句块 >

else:

 < 语句块 >

  if < 条件 >:

   < 语句块 >

  else:

   < 语句块 >

图 4-9 分支结构嵌套

例如：

```
# 文件式程序代码
a=int(input(" 请输入你的成绩: "))        # 输入整数, float（浮点数）
if  a >= 80:    # 一个条件;也可以多条件组合
    print(" 成绩不错 ")
    if a >= 95:          # 嵌套
        print('A+ 等级,特别优秀 ')
else:
    print(' 成绩不理想 ')
    if a < 40:
        print(' 成绩太糟糕了。')
```

【要点小结】

程序基本结构：

分支结构（单分支结构 if 语句、二分支结构 if-else 语句）。

多分支结构 if-elif-else 语句嵌套。

4.4 程序的循环结构

4.4.1 循环结构 for 语句

某一程序若想重复执行其中一部分代码,可使用循环结构 for 语句。

Python 语言的循环结构包括:遍历循环和无限循环(可以通过计数器控制次数)。

遍历循环使用 for 语句,依次提取遍历结构中各元素进行处理;无限循环使用 while 语句,根据判断条件执行程序。

(1)遍历循环示意图,如图 4-10 所示。

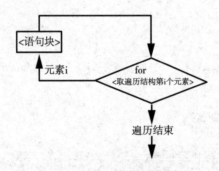

图 4-10 遍历循环示意图

(2)for 语句格式。

【语句格式】

for < 循环变量 > in < 遍历结构 >:　　# (注意冒号,返回值 True 或 False)

(这里有缩进)< 语句块 >

其中:

循环变量:暂时储存被取出的元素,任意命名。

遍历结构:字符串、range() 函数、组合数据类型、文件等。

注意:range 函数,相当于一个"迭代器",表示执行的次数,输出的次数是 range 内两个数的差,比如 range(3,5),执行 5-3=2 次代码。 # "[,)",左闭右开。

(3)实例。

例如:

将字符串中的内容遍历。

```
>>>str01 ='!.Tom 人名。'                    # 两种方法打印结果相同
# 方法一 i 表示元素(字符)                     # 下列为结果
>>>for i in str01:                          l
    print(i)                                .     #标点符号也是一个字符
```

```
#方法二 i 是 range 范围内的元素,但是对字符        T
串来讲是字符的索引。                              o
                                                m

                                                #代码中此处是一个空格
>>>for i in range(0,len(str01)):                人
    print(str01[i])                             名
                                                。
```

例如：

将元组或列表的内容遍历。

```
>>>a =(1,2,3)     # 或列表 [1,2,3]              # 两种方法打印结果相同
#方法一                                          1
>>>for i in a:                                  2
    print(i)                                    3
#方法二
>>>for i in range(0,len(a)):
    print(i)
```

所以,对于遍历循环,基本思想如下。

从遍历结构中逐一提取元素,放在循环变量中,对于每个所提取的元素执行一次语句块。

for 语句循环的执行次数是根据遍历结构中元素个数确定的。

【要点小结】

循环结构包括两种：遍历循环（for）、无限循环（while）。

for 语句格式：for < 循环变量 > in < 遍历结构 >：（注意冒号）

（这里有缩进）< 语句块 >

基本思想。

作业：1+2+3+…+100 或者 1–100 间偶数（或奇数）相加之和。

4.4.2 凯撒密码

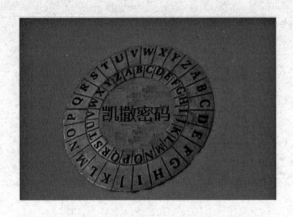

图 4-11 凯撒密码转换器

据说凯撒是率先使用加密函的古代将领之一,因此他的加密方法被称为凯撒密码。

凯撒密码作为一种最为古老的加密方法,在古罗马的时候都已经很流行,它的基本思想是通过把字母移动一定的位数来实现加密和解密。

明文中的所有字母都在字母表上向后(或向前)按照一个固定数目进行偏移后被替换成密文。例如,当偏移量是 3 的时候,所有的字母 A 将被替换成 D,B 变成 E,依此类推 X 将变成 A,Y 变成 B,Z 变成 C。

明文	A	B	C	D	E	F	G	H	I	J	K	L	M	N	O	P	Q	R	S	T	U	V	W	X	Y	Z
密文	D	E	F	G	H	I	J	K	L	M	N	O	P	Q	R	S	T	U	V	W	X	Y	Z	A	B	C

明文: HELLO

密文: KHOOR

由此可见,位数就是凯撒密码加密和解密的密钥。

字母按照位数后移或前移进行加密或解密,非英文字母部分(标点符号等)直接输出。

恺撒密码的加密或解密在 Python 程序中怎么实现呢?

【知识点】

首先想一下可能用到的知识点:

for 循环遍历。

if 语句。

ord( ) 函数: 字符 —— Unicode 编码值。

chr( ) 函数: Unicode 编码值 —— 字符。

input( )函数：用户输入字符。

%：取余数。

字母之间比较的标准：按 Unicode 编码值的大小。

【思路】

（1）密文中字母：根据字母表后移 3 个。

（2）因为，大写字母在 Unicode 编码表中 65~90，小写字母在 Unicode 编码表中 97~122
所以，需要分别用代码进行转换。

表 4—1　英文字母对应的 ASCII 表中的十进制数字表

十进制	字符	十进制	字符	十进制	字符	十进制	字符
65	A	81	Q	97	a	113	q
66	B	82	R	98	b	114	r
67	C	83	S	99	c	115	s
68	D	84	T	100	d	116	t
69	E	85	U	101	e	117	u
70	F	86	V	102	f	118	v
71	G	87	W	103	g	119	w
72	H	88	X	104	h	120	x
73	I	89	Y	105	i	121	y
74	J	90	Z	106	j	122	z
75	K	91	[	107	k	123	{
76	L	92	\	108	l	124		
77	M	93	]	109	m	125	}
78	N	94	^	110	n	126	—
79	O	95	_	111	o		
80	P	96	、	112	p		

（3）后移 3 个字母，到 XYZ 时，要回到 ABC。

例如：明文中 A 就是密文中的 D，利用代码 chr(ord("A")+3) 进行对应。依次类推，并构成一个闭合的对应环，如图 4-11 凯撒密码转换器一样。

A：chr(ord("A")+3)　对应 D

B：chr(ord("B")+3)　对应 E

……

X：chr(ord("B")+3)　对应 A

Y：chr(ord("B")+3)　对应 B

Z：chr(ord("B")+3)　对应 C

但是明文中 X 如何对应上字母 A 呢？若是像前面的字母一样运行相同的代码 chr(ord("X")+3) 话会不会对应到 A 呢？我们可执行 chr(ord("X")+3) 查看一下，结果显示的是'[',

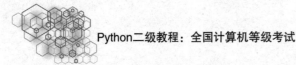

是在 ASCII 字符表中 X 后面第三个字符，所以沿用前面的对应方法是无法让 X 对应的 A 字母。那如何让 X 的密文对应为 A（还有如何让 Y 对应 B、Z 对应 C）呢？

（4）如何正确计算出字母对应的编码值是关键点。这里介绍两种方法：

第一种方法：

将字母分为 4 组：A 到 W，X 到 Z，a 到 w，x 到 z，利用 if—elif 语句完成密文与明文的对应。编辑代码的思路如下：

if 'A' <= 字母 <= 'W' 或 ord('A')<= ord(字母) <= ord('W')

      print(chr(ord(' 字母 ')+3))

elif 'X' <= 字母 <= 'Z' 或 ord('X')<= ord(字母) <= ord('Z')

      print(chr(ord(字母)–23))

elif 'a' <= 字母 <= 'w' 或 ord('a')<= ord(字母) <= ord('w')

      print(chr(ord(字母)+3))

elif 'x' <= 字母 <= 'z' 或 ord('x')<= ord(字母) <= ord('z')

      print(chr(ord(字母)–23))

上面思路就是利用大小写字母分别分成 4 组，每组使用一种转换代码，比如大写 X 字母属于第二组，用 chr(ord(字母)–23) 转换对应大写的 A 字母，大写 Y 与 Z 同样对应上大写的 B 与 D。

第二种方法：

将字母用其在 ASCII 字符表中的十进制数字表示，利用取余数和循环语句完成密文与明文对应字母的相应。

即大写字母 A 到 Z 共 26 个字母分别与 ASCII 字符表中十进制数字 65 到 90 对应。那么可以以 65 为基点，明文大写字母对应的十进制数字，先加上 3 再减去 65，再除以 26 所得余数，再加上 65 即是该明文对应的密文的十进制数字。

如大写字母 A 对应的十进制数字 65 加上 3 再减去 65，再除以 26 所得余数为 3。即：（65+3–65）%26 +65=3+65=68,68 即是 A 对应的密文 D 的十进制数字。

看看我们最担心的最后三个字母 X、Y、Z 能不能按照上述方法完成明文到密文的转换。

如大写字母 X 对应十进制数字 88,（88+3–65）%26+65=65, 65 即为大写字母 A 对应的十进制数字，所以明文 X 对应的密文为 A, 正确无误。大家自己推算一下大写字母 Y、Z 对应的密文。

刚才描述的过程，以表格的形式表示出来，如表 4–2 所示。

表 4–2　凯撒密码转换过程

明文	A	B	C	D	…	W	X	Y	Z
数字	65	66	67	68	…	87	88	89	90

余数	3	4	5	6		25	0	1	2
余数 +65	68	69	70	71	…	90	65	66	67
对应↓	↓	↓	↓	↓	…	↓	↓	↓	↓
密文	D	E	F	G	…	Z	A	B	C

上面我们讲得比较多,实际上代码非常简单,那么我们就来看看如何进行编写?

编辑代码的思路如下:

if 'A' <= 字母 <= 'Z'

    print(chr(ord('A') + (ord(字母)+3 – ord('A'))%26))

elif 'a' <= 字母 <= 'z'

    print(chr(ord('a') + (ord(字母)+3 – ord('a'))%26))

```
#【方法 1】加密

text = input(' 请输入 明文 文本信息：')

for L in text:

    if 'A' <= L <= 'W':  # 或 ord('A')<= ord( 字母 ) <= ord('W')

        print( chr( ord(L)+3 ), end='' )

    elif 'X' <= L <= 'Z' :

        print( chr( ord(L)–23 ) , end='')

    elif 'a' <= L <= 'w':

        print( chr( ord(L)+3 ), end='' )

    elif 'x' <= L <= 'z' :

        print( chr( ord(L)–23 ) ,end='' )

    else:

    print(L, end='' )     # 其他,原样输出

print()

print(' 加密完成 ')
```

```
#【方法 1】解密
text = input(' 请输入 密文 文本信息：')
for L in text:
    if 'D' <= L <= 'Z':    # 或 ord('A')<= ord( 字母 ) <= ord('W')
        print( chr( ord(L)−3 ) , end='' )
    elif 'A' <= L <= 'C' :     # 或 ord('X')<= ord( 字母 ) <= ord('Z')
        print( chr( ord(L)+23 ) , end='')
    elif 'd' <= L <= 'z':     # 或 ord('a')<= ord( 字母 ) <= ord('w')
        print( chr( ord(L)−3 ) , end='' )
    elif 'a' <= L <= 'c' :        # 或 ord('x')<= ord( 字母 ) <= ord('z')
        print( chr( ord(L)+23 ) , end='' )
    else:
        print(L, end='' )     # 非字母,原样输出
print()
print(' 解密完成 ')
```

【方法 1】变形。

```
text = input(' 请输入明文文本信息：')
for L in text:
    if ord('A')<= ord(L) <= ord('W'):
        print( chr( ord(L)+3 ) , end='' )
    elif ord('X')<= ord(L) <= ord('Z') :
        print( chr( ord(L)−23 ) , end='')
    elif ord('a')<= ord(L) <= ord('w') :
        print( chr( ord(L)+3 ) , end='' )
    elif ord('x')<= ord(L) <= ord('z') :
        print( chr( ord(L)−23 ) , end='' )
    else:
    print(L, end='' )     #其他,原样输出
print()
print(' 加密完成 ')
```

【方法2】加密和解密。

```
# CaesarEncode 加密
# 方法2
text = input(' 请输入明文文本信息: ')
for L in text:
    if 'A' <= L <= 'Z':    # 等价于 ord('A')<= ord(L) <= ord('Z')
        print( chr(ord('A') +  (ord(L)+ 3 – ord('A')) % 26), end='')
    elif 'a' <= L <= 'z':
        print( chr(ord('a') + ( ord(L)+3 – ord('a')) % 26), end='')
    else:
        print(L, end='')     # 其他,原样输出
print()
print(' 加密完成 ')
# 解密
text = input(' 请输入 密文 文本信息: ')
for L in text:
    if 'A' <= L <= 'Z':  # 等价于 ord('A')<= ord(L) <= ord('Z')
        print( chr(ord('A') +  (ord(L) – 3 – ord('A')) % 26), end='')
    elif 'a' <= L <= 'z':
        print( chr(ord('a') + ( ord(L) – 3 – ord('a')) % 26), end='')
    else:
        print(L, end='')
print()
print(' 解密完成 ')
```

【要点小结】

凯撒密码用到的主要知识点:

for 循环 if–elif–else 语句 chr( ) 函数 ord( ) 函数 字母间的比较。

编写代码时的关键点:字母如何对应的编码值 加密(+3)、解密(−3)。

思考:还有其他更好的加密或解密的方法?

4.4.3 循环结构 while 语句

无限循环使用 while 语句,根据判断条件执行程序,但可以设置计数器控制次数。

（1）无限循环示意图,如图 4-12 所示。

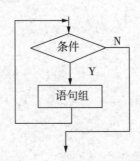

图 4-12 无限循环示意图

（2）while 语句格式。

【语句格式】

计数器的初始值

while < 条件 >: （注意冒号）

（这里有缩进）< 语句块 >

计数器的累计计算（或使用 break 与 continue）

其中:

计数器:暂时存储循环次数的变量。

（若没有对计数器的累计运算,会进入无限循环）。

（3）实例。

例如:

将字符串中的内容遍历。

```
>>>str01 ='1.Tom 人名。'          # 两种方法打印结果相同
>>>i = 0                          1
>>>while i < len(str01) :         .  # 标点符号也是一个字符
    print(str01[i])               T
    i += 1    #( 即 i = i +1)      o
                                   m

# 此处 i 既是计数器变量;又作为字符串 str01   #代码中此处是一个空格
中字符下标（索引）使用。              人
                                   名
                                   。
```

【要点小结】

循环结构包括两种：遍历循环（for）、无限循环（while）。

while 语句格式：计数器的初始值。

while < 条件 >：（注意冒号）。

（缩进）< 语句块 >。

计数器的累计计算（或使用 break 与 continue）。

作业：1+2+3+…+100 或者 1–100 间偶数（或奇数）相加之和

4.4.4 循环结构嵌套与 break 和 continue

循环结构中，若条件成立，需要跳出循环或中止当前次的循环，进入下一次循环，使用 break 或 continue 语句。

（1）示意图，如图 4–13、图 4–14 所示。

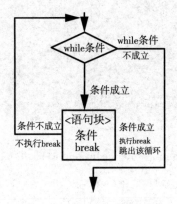

图 4–13 break 循环示意图

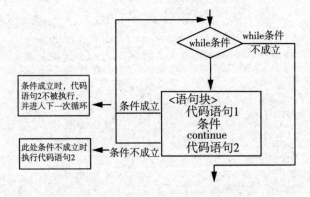

图 4–14 continue 循环示意图

（2）break 实例。

当循环或判断执行到 break 语句时，即使判断条件为 True 或者序列尚未完全被遍历，都会跳出循环或判断。

例如：

将字符串中的内容遍历。

```
#break                              # 输出结果

str01 ='1.Tom 人名。'

i = 0

while i < len(str01) :

    print(' 第 {} 次循环 '.format(i),str01[i])        第 0 次循环 1

    i += 1                                      *****

    if i == 3:                                   第 1 次循环 .

        break                                   *****

    print("*"*5)                                第 2 次循环 T

print('******* 循环结束 ********')              ******* 循环结束 ********
```

（3）continue 实例。

当循环或判断执行到 continue 语句时，continue 后的语句将不再执行，会跳出当次循环，继续执行循环中的下一次循环。

例如将字符串中的内容遍历。

```
#continue                          # 输出结果
                                    第 0 次循环 1
str01 ='1.Tom 人名。'              *****
i = 0                               第 1 次循环 .
while i < len(str01) :              *****
    print(' 第 {} 次循环 '.format(i),str01[i])        第 2 次循环 T
    i+=1                            第 3 次循环 o
    if i==3:                        *****
                                    第 4 次循环 m
```

```
    continue                              *****

  print("*"*5)  # 当条件成立时, 循环内 continue    第 5 次循环
后的代码不被执行
                                          *****

                                          第 6 次循环 人

  print('******* 循环结束 ********')       *****

                                          第 7 次循环 名

                                          *****

                                          第 8 次循环 。

                                          *****
```

（4）循环嵌套（for 或 while 循环）。

循环嵌套是指一个循环体里面嵌入另一个循环。

例如：

```
                                          # 输出结果

                                          第 0 次循环
# 循环嵌套
                                          第 1 次循环

                                          第 3 次循环
i = 0
                                          第 4 次循环
while i <= 10:
                                          第 5 次循环    # 完成该句后, i=5+1=6
  print(' 第 {} 次循环 '.format(i))
                                          内层循环 1    #i=6 进入内层循环
  i += 1
                                          *****
  while 5<i<12:
                                          内层循环 2
    print(' 内层循环 {}'.format(i-5))
                                          *****
    if i==9:
                                          内层循环 3
      break
                                          *****
    print("*"*5)
                                          内层循环 4   #此时 if 条件成立, 执行 break,
    i+=1
                                                      #跳出内层循环, 到外循环
print('******* 循环结束 ********')
```

第 9 次循环　#完成该句后，i=9+1=10

内层循环 5　#i=10 进入内层循环

*****

内层循环 6

*****　　　#此时 i=12，内外循环条件均不成立

******* 循环结束 ********

【要点小结】

循环结构有两个辅助循环控制关键字：break 和 continue。

两者区别：break 跳出所属的最内层循环。

continue 跳出当次的循环，进入下一次循环。

循环嵌套：循环中套循环，for 循环中可以套 for 循环，也可以是 while 循环；while 循环中可以套 while 循环，也可以是 for 循环。

作业：九九加法或乘法口诀表。

（提示：九行九列，行数外循环，列数内循环）

4.5　程序的异常处理

异常通常是指在程序运行过程中遇到了无法处理的问题，从而影响到程序的正常执行。在这种情况下，想要捕获这个问题以便后期修改或完善代码，可以用 try-except 语句，即检测 try 语句块中的错误，让 except 语句捕获异常信息并处理。

4.5.1　try-except 语法格式

try:

　　正常要执行的代码块

except:

　　出现异常，执行的代码块（可以是提示信息：异常原因，解决方法）

else:

　　没有异常，执行的代码块

4.5.2 实例

例如：

```
# 报异常提示                          # 输出结果
>>>try:
    a=5/0          # 若 a=5/2
except:                              0 不能作为分母
    print('0 不能作为分母 ')
else:                                # 若 a=5/2,输出：2.5 没有异常
    print(a,' 没有异常 ')
# 假设忽略异常
>>>try:
    a=5/0
except:                              # 什么都没有输出
    pass
```

4.5.3 练习

例如：

```
>>>try:
    a=input(" 请输入一个整数 ")        # 输出结果：
    b=int(a)*10                      请输入一个整数  # 若输入 2
except:                              输入数值是 2 计算结果是 20
    print(' 输入错误 ')
else:                                请输入一个整数  # 若输入 2.5
    print(' 输入数值是 ',a,' 计算结果是 ',b)      输入错误
```

【要点小结】

程序异常处理关键字：try—except。

第 5 章

函数和代码复用

5.1 函数的定义与调用

当我们编写一块代码，想要得到 1 ～ 100 累加的值，或者要得到 5 ～ 15 累加的值，只需要定义一个代码块执行从 x（开始值）到 y（末尾值）累加，而后给出累加的值即可。

这就是函数的作用了（相当于一个黑匣子），如图 5-1 所示。

代码块——函数

输入变量 ⟶ 内部计算 ⟶ 输出结果

使用者不需要关注内部计算过程及其原理，
直接调用后，实现一定功能（得到想要的结果）

图 5-1　函数计算过程示意图

例如：

定义一个从 x 累加到 y 的函数

```
>>> def summation(x, y):                    #输出 5,6,7,8,9 的累加值

        a = (x+y)*((abs(y-x)+1)/2)

        return a

                                            35.0

>>>summation(5,9)  #传递参数,调用函数
```

例如：

定义一个从 x 累加到 x+n 的函数。（n 从 0 开始计数）

·68·

```
>>>def summation(x , n):

    a = (x+(x+n))*((n+1)/2)

    return a                          # 输出结果：5,6,7,8,9 的累加值：


>>>summation(5,4)# 传递参数，调用函数          35.0
```

5.1.1 函数中的基本概念

（1）什么是函数（function）。

所谓函数，就是组织好的、具有独立功能的代码块，在需要时可以调用，让其实现相关功能（对代码块进行封装）。

（2）函数的设计思想及作用。

①函数的设计体现了封装的编程思想，即隐藏过程，实现功能。

②函数的作用（目的），提高编写的效率（或降低编程难度）以及代码的重复利用率。

所以学习和开发过程中应该培养封装的意识。

（3）定义及使用函数的步骤。

定义函数 —— 在函数中编写代码 代码：def 函数名（参数）：

调用函数 —— 执行编写的代码 代码：函数名（参数）

1）定义函数（关键字 def）。

【语句格式】

```
>>>def 函数名（参数 1,参数 2，…）：    # 注意冒号

    ''' 注释 '''

    函数体（代码块）

    return 返回值（非必需语句）
```

【解释及注意事项】

①函数代码块以 def（def 是英文 define 的缩写）关键词开头，后接函数名、圆括号（参数）、冒号。

②定义的函数由函数名、参数、函数体组成。

函数名应该能够简单明确的表达函数功能，以方便后续的调用。

其命名应符合标识符的命名规则：

由字母、下画线和数字组成，不能以数字开头，不能与关键字或其他函数重名。

参数：必须放在圆括号里，多个参数用逗号隔开。

函数体：在共同缩进中编写的代码 称为函数体。

③ return[表达式] 返回一个后续要调用的程序结果值,结束函数（两个作用）。

不带表达式的 return 语句相当于返回 None。

④注释：在 def 语句下方,可以使用连续的三对引号（单双都可）进行块注释,也即多行注释。

⑤若是创建多个函数,创建的函数全部完成后,再写调用。

若在一个项目中用到多个函数,可以先将所有的函数封装,当用到时,再调用。

回顾一下刚才的例子:

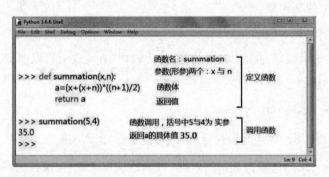

【函数的名称不能重复】

假设定义多个函数,函数名不能相同,否则 Python 认为前面的函数被后面名字相同的函数所替换,调用时,仅认为名字相同的最后一个函数是有效的。

例如:

定义一个从 x 累加到 x+n 的函数。

>>>def summation(x, n): a = (x+(x+n))*((n+1)/2) return a >>>summation(5,4) #传递参数,调用函数	# 输出结果: 5,6,7,8,9 的累加值: 35.0
>>>def summation(x): a = x+10 b = a/2 return a+b >>>summation(4)	21.0

2）调用函数执行顺序。

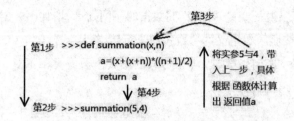

第4步将用实参5与4运行后的返回值
赋给调用的函数

5.1.2　函数的查看

help（函数名）：

>>>help(summation)	# 显示该函数名及形参等信息
	Help on function summation in module __main__:
	summation(x，n)

dir（函数名）：

>>>dir(summation)	# 以列表形式列出该函数可以使用的方法
	【即在代码行 函数名 后 加一个点，显示方法名】
	['__annotations__'，'__call__'，'__class__'，
	……
	'__subclasshook__']

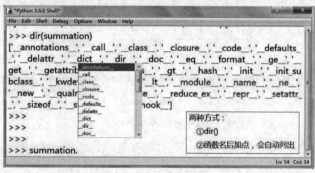

图5-2　列出函数的方法

【要点小结】

函数的定义及设计思想（封装）。

如何定义函数（def）及其调用。

函数名的命名格式及注意事项。

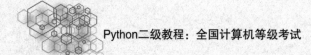

5.2 函数的参数设置与传递

函数的参数,也可以说是变量,针对不同数据的相同处理,增加函数的通用性。

(1)函数调用时,按照函数定义的参数顺序进行传递。

(2)参数前后一致:调用函数时,如果传入的参数个数或类型不对,Python解释器会自动检查出来,并抛出TypeError。

例如：

定义如下函数

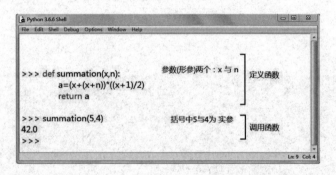

5.2.1 形参与实参

形式参数：

在定义函数时,函数名后面的圆括号中的变量名叫作"形式参数",或简称为"形参";不占用内存空间,只有在调用时才会分配内存单元。可以理解为没有真实的数据,所以没实际意义。

实际参数：

在调用函数时,向形参传递真实的数据,称为"实际参数",简称为"实参",是真实的变量,占用内存空间。

5.2.2 位置参数、命名参数、默认参数

①位置参数：

传递的参数,其位置与个数要与形参一一对应,否则会出现TypeError报错。

例如：

定义一个函数名sum,两个参数,返回两个参数的和。

```
>>>def sum( arg1, arg2 ):
        total = arg1 + arg2
        return total
# 调用 sum 函数
>>>sum( 10, 20 )
```

②命名参数(又称为关键字参数):

在调用命名参数时,不是按顺序传递,而是根据参数的名称进行传递,因为 Python 解释器能够用参数名匹配参数值。

例如:

```
>>>def sum( arg1, arg2 ):

        total = arg1 + arg2*arg1

        return total
# 调用 sum 函数
>>>sum( arg1=10, agr2=20)   # 顺序与定义的参数一致
# 等价于 print(sum( 10,20 ))
>>>sum(arg2=10 ,arg1=20) # 顺序不一致时,解释器会辨认后匹配给形参。
# 假如省略命名(省略的实参一定放在最前面,并按形参的顺序分配)
>>>sum( 10, arg2=20)    # 解释器,自动会把第一个实参,传给第一个形参。


# 但其他省略报异常
>>>sum( 10, arg1=20)    # 报异常:TypeError
>>>sum(arg1=20, 10)     # 报异常:SyntaxError
```

③默认参数:(又称为缺省参数)。

调用函数时,如果没有传递参数,则会使用默认参数。

例如:

以下实例中如果没有传入 age 参数,则使用默认值。

```
# 可写函数说明
>>>def info( name, age = 15 ):          # 先定义 age=15 作为 age 的默认值
        print (" 名字 : ", name)
        print (" 年龄 : ", age)
# 调用 info 函数
>>>info( age=14, name="Mary" )  # 若传入命名参数
>>>info(name="Tom" ) # 此处缺参数 age 的实参,按定义时默认的 age 值
```

【要点小结】

函数参数的种类：形参与实参、位置参数、命名参数、默认参数等。

5.3 函数的返回值（return 语句）

定义一个如下函数，返回值为 a。

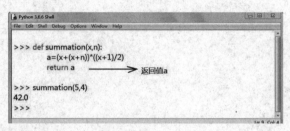

5.3.1 单个返回值的格式

例如：

定义一个求和函数（注意有无返回值的区别）。

```
# 定义函数
>>>def result(a, b):                              # 运行结果：
        sum = a + b                               9
        return sum
>>>result(4,5)  # 传入 2 个参数                    # 若无 return，没有任何返回值
```

【注意】

return 的作用：

（1）返回程序结果值；

（2）结束函数，即当函数中有 return 语句被执行，那么这个函数就会结束了，因此 return 后面的代码是不会被执行。

例如：

```
>>> def result(a, b):
        sum = a + b                               # 运行结果：
        return sum                                9
        product = a*b
        print(' 两参数的乘积为：', product)
```

```
>>> result(4,5)                    #return 语句执行,后面代码没有被
                                   # 被执行;因此一定要将代码放到
                                   #return 前面。
```

5.3.2 多个返回值的函数格式

如果 return 后面有多个返回值,默认以元组形式显示。还可按其他要求的格式,例如列表、字典等格式显示,只要是能够存储多个数据的类型,就可以一次性返回多个返回值。

例如:

```
>>>def result(a, b):

        product = a*b

        sum =a + b

        difference =a−b

        return  product, sum, difference

  # 元组形式 :(product, sum, difference ) 返回元组形式

  # 列表形式 :[product, sum, difference]  返回列表形式 [20,12,8]

  # 字典形式 :{" 乘积 ": product, " 和 ": sum} 返回字典形式

>>>result(10,2)  # 传入 2 个参数,输出结果 (20, 12, 8)
```

【要点小结】
函数返回值: 无、一个、多个(元组、列表、字典等形式)。

5.4 变量的作用域

5.4.1 作用域

Python 中,程序的变量并不是在哪个位置都可以访问的,访问权限取决于这个变量是在哪里赋值的。

在 Python 程序中创建、改变、查找变量名时,都是在一个保存变量名的空间中进行,称之为命名空间,也被称为作用域。即某个变量允许被访问的范围称为该变量的作用域。

Python 的作用域是静态的,在源代码中变量名被赋值的位置决定了该变量能被访问的范围。即 Python 变量的作用域由变量所在源代码中的位置决定。

Python 的作用域一共有 4 种:

L(Local) 局部作用域:作用域位于本函数内部,最内层的函数。

E(Enclosing)闭包(嵌套)函数外的函数中:作用域为本函数的外层函数。

G(Global) 全局作用域:作用域为模块级的变量。

B（Built-in）内建作用域：作用域为 Python 中的全部变量。

函数内的变量查找顺序：是以 L → E → G → B 的顺序进行查找，在局部找不到，便会去局部外的外层作用域找（例如闭包），再找不到就会去全局作用域找，再去内建作用域中找。

例如：

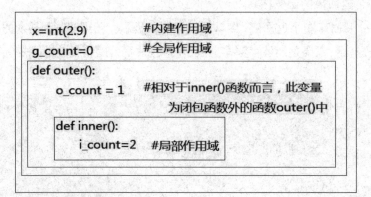

5.4.2　变量（局部变量与全局变量）

（1）基本概念。

局部变量：

定义在函数内部的、拥有局部作用域的变量，称为局部变量。

局部变量只能在其被声明的函数内部访问。

全局变量：

定义在所有函数外的、拥有全局作用域的变量，称为全局变量。

全局变量可以在整个程序范围内访问。

注意：调用函数时，所有在函数内声明的变量名称都将被加入作用域中。

例如：

```
>>>a = 1    # 这是一个全局变量

>>>def func1():

    a = 2        #a 在这里是局部变量（只能在函数内部有效）。

    print (a)        # 若局部变量 a=2 未定义，输出的是全局变量 a=1。

>>>func1()      # 输出的是在函数内部定义的局部变量 a，值为 2。

>>>print(a)      # 输出的是在函数外部定义的全局变量 a，值为 1。
```

例如：

```
>>>a = 1

>>>def func1():

    print(a)
```

```
        a = 2
        print(a)
>>>func1()
# 会报异常:
UnboundLocalError: local variable 'a' referenced before assignment
未绑定局部错误:在赋值前应用局部变量 a
```

如果内部函数引用外部函数的同名变量或者全局变量,并且对这个变量进行修改,那么 Python 会认为它是一个局部变量,又因为函数 func1 中开始没有 a 的定义和赋值,所以会报错。

这种情况的解决办如下。

①不重名。

为了使变量(特别是函数中要使用全局变量时)更清晰,一般使用 g_a 这种形式定义全局变量,在局部作用域没有定义与全局变量同名变量时,全局变量可以直接引用。

②用 global 声明。

在函数内部,使用该变量时,用 global 提前声明。

例如:

```
# 不重名                          # 用 global 声明
>>>g_a = 1                        >>>a = 1
>>>def func1():                   >>>def func1():
        print(g_a)                    global a
        a = 2                         print(a)
        print (a)                     a = 2   # 需要注意的是,此处是对全局变量的修改
>>>func1()                            print(a)
1                                 >>> func1()
2                                 >>> print(a)  # 输出的是 2
```

(2)注意事项。

Python 中模块(module)、函数(def、lambda)(还有类等)才会引入新的作用域;其他的代码块(如 if/elif/else/、try/except、for/while 等)是不会引入新的作用域的,也就是说这些语句内定义的变量,外部也可以访问。

如下代码：

```
>>>def func2():
        var_inner = 'I am from China'   # 局部变量,外部不能访问
>>>print(var_inner)
# 报异常
……
NameError:name ' var_inner' is not defined
```

报错的信息说明该变量未定义,因为它是局部变量,只有在函数内可以使用。

但是,在 if 语句块中的变量,在外部还是可以访问的。如下代码：

```
>>>if True:
        var_if = 'I am from China '
>>>print(var_if)                        # 打印结果: I am from China
```

【要点小结】

作用域与变量：

定义在函数内部(局部作用域)的变量,称为局部变量。

定义在所有函数外(全局作用域)的变量,称为全局变量。

应用变量时,注意其作用域。

5.5　斐波那契数列的 Python 程序代码

5.5.1　"斐波那契数列"原理

斐波那契数列(Fibonacci sequence),又称黄金分割数列,又因数学家列昂纳多·斐波那契(Leonardoda Fibonacci)以兔子繁殖为例子而引入,故又称为"兔子数列"。

13 世纪意大利数学家斐波那契在他的《算盘书》中提出这样一个问题：

有人想知道一年内一对兔子可繁殖成多少对,便筑了一道围墙把一对兔子关在里面。

已知一对兔子每一个月可以生一对小兔子,而每对兔子出生后,第三个月开始又生小兔子。假如一年内没有发生死亡,那么从一对兔子宝宝开始,一年后围墙内共多少对兔子?

我们假设兔子成长顺序：兔宝宝 —— 大兔子 —— 成熟兔(兔爸妈)。

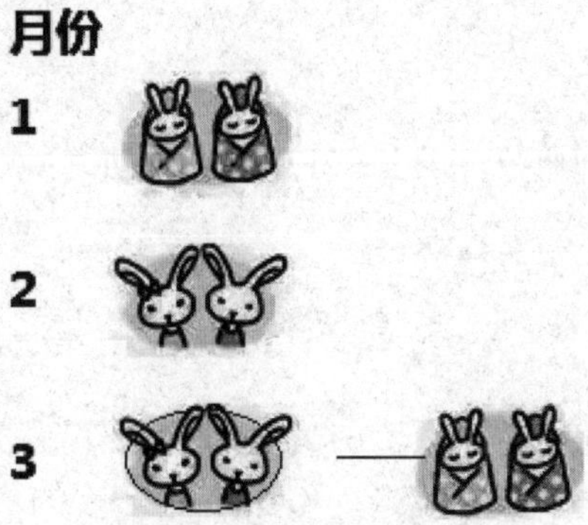

月份

图 5-3　兔宝宝 3 个月的成长过程

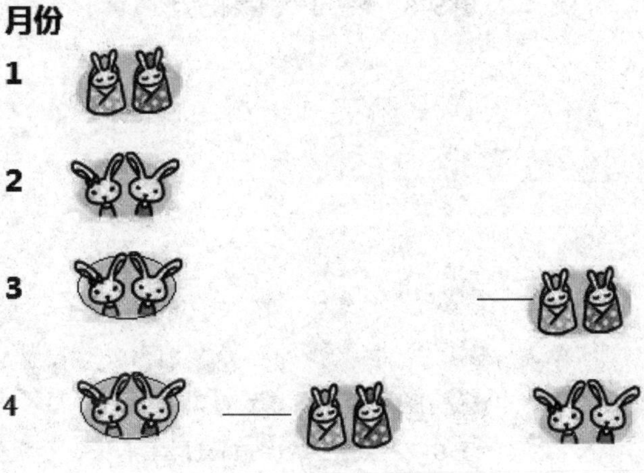

月份

图 5-4　兔子 4 个月成长过程

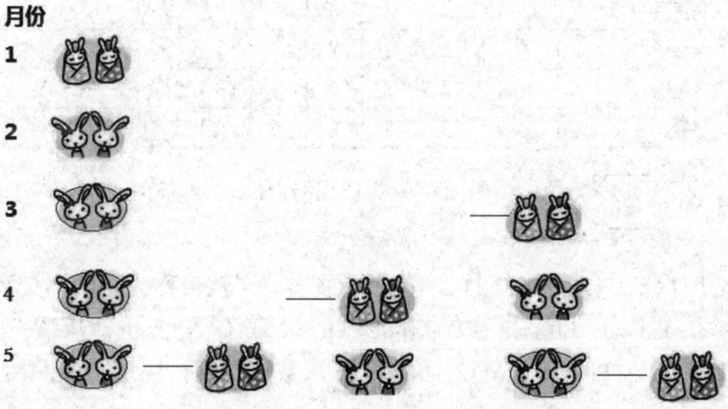

月份

图 5-5　兔子 5 个月成长过程

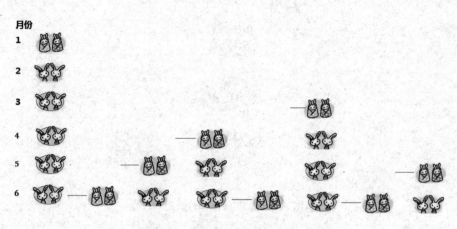

图 5-6　兔子 6 个月成长过程

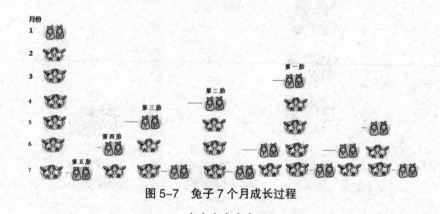

图 5-7　兔子 7 个月成长过程

月份	一	二	三	四	五	六	七	八	九	十	十一	十二
兔宝宝	1		1	1	2	3	5	8	13			
大兔子		1		1	1	2	3	5	8			
兔爸妈			1	1	2	3	5	8	13			
总数	1	1	2	3	5	8	13	21	34			

总结：从第三个月开始，每个月的……
（1）大兔子与目前的兔爸妈之和是下一个月的兔爸妈的数量；
（2）兔爸妈的数量与兔宝宝相等；
（3）兔宝宝的数量又是下一个月的大兔子点数量。

这个数列：1、1、2、3、5、8、13、21、34……在数学上，就被称为斐波那契数列。以递归的方法定义：$F(0)=0$，$F(1)=1$，$F(n)=F(n-1)+F(n-2)$（$n>=2$，$n \in N^*$），也即从第三项开始，都是前两项的和，如 $F(2)=F(1)+F(0)$　$F(3)=F(2)+F(1)$……该数列在现代物理、准晶体结构、化学等领域，都有直接的应用。

5.5.2　"斐波那契数列"的应用

一个函数里面又调用了自己，让其循环调用运行，这就是递归函数。

　　例如，每对兔子生出兔宝宝，兔宝宝长大后，再生兔宝宝 …… 循环不止，不断轮回。我们将这个从兔宝宝 — 大兔子 — 兔爸妈的过程写成函数,不断循环与调用。

```
>>>def rabbit_num(n):
        if n==0 or n==1:
            num=n
        else:
            num=rabbit_num(n-1)+rabbit_num(n-2)
        return num


>>>rabbit_num(0)
```

【要点小结】

斐波那契数列,又称为"兔子数列"。

递归函数:在函数中调用自己,当 n 不断增大时,不断循环调用前面的函数。

第 6 章

组合数据类型

6.1 元组的基本操作

Python 程序中，可以对单个变量表示的数据进行处理，还可以对一组数据进行处理。以多个数据组合在一起的格式类型，称为组合数据类型。比如前面章节中我们学过的字符串。按不同的格式可以将组合数据类型分为集合类型、序列类型和映射类型（图 6-1）。

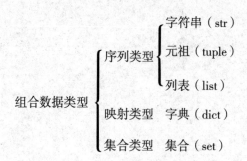

图 6-1 组合数据类型

序列类型中的字符串在前面章节中已经介绍过了。这一章，我们重点讲解组合数据类型。首先了解一下序列类型中的元组。

元组是指用括号 ( ) 括起来的、多个元素组成的一个序列，中间的元素用逗号隔开；元组是固定的，不变的。

6.1.1 创建元组的基本语法

元组名称 =(' 字符串 1', ' 字符串 2', ' 字符串 3',……)

元组名称 =(数字 1, 数字 2, 数字 3,……)

注意：元组一旦创建就不能再改动了；当元组内仅有一个元素时，需要在元素后面加一个逗号。

例如：

创建新的元组，并输出元组

```
>>>tuple_0 = ()    # 创建 个空元组
>>>tuple_1 = ("hello", "python", "123", "456", 789, 0)    # 内部元素一般是同一类型的。
>>>tuple_1
('hello', 'python', '123', '456', 789, 0)
>>> type(tuple_1)    # 查看 tuple_1 的类型
<class 'tuple'>
```

6.1.2　元组的基本操作

对组合数据的操作，主要是指增、删、改、查等，当然还有其他操作。由于元组一旦创建，不能修改，所以对元组的操作只限于查，即通过索引查元组内部的元素，下面我们来看一下元组的索引。

（1）元组的索引。

前面我们介绍过字符串的索引，元组的索引标记方法及顺序与字符串相似，但是以逗号隔开的分别记为一个下标位，如图 6-2 所示。

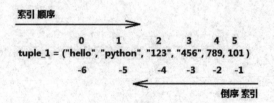

图 6-2　元组索引

（2）利用索引获取元组中的元素。

若想获取或查看某个索引对应的元素，采用元组名 [索引] 格式。

例如：

在创建的元组中，获取索引为 2 对应的元素。

```
>>>tuple_1 = ("hello", "python", "123", "456", 789, 0)
>>> tuple_1[2]
'123'    # 取出单个元素
>>>len(tuple_1)    #len 计算元组内有多少个元素
6
```

6.1.3 元组的其他操作

需要注意的是,对元组的其他操作都是创建新元组,并非在原来的元组中进行的修改。

(1)通过截取与拼接创建新元组。

利用索引切片的形式以及拼接,形成新的元组。

例如:

在创建的元组中,获取索引为 2 对应的元素。

```
>>>tuple_1 = ("hello", "python", "123", "456", 789, 0 )
>>>tuple_1[2 : 5]     # 左闭右开区间截取
('123', '456', 789)


>>>a=tuple_1[2:5]
>>>a
('123', '456', 789)


>>>a + tuple_1
('123', '456', 789, 'hello', 'python', '123', '456', 789, 0)


# 但是,如果单个索引的元素,如 tuple_1[2] 与 tuple_1[2:5] 进行拼接,会报异常。
>>>b=tuple_1[2] + tuple_1[2:5]


# 注意:
因为 tuple_1[2] 截取的是一个字符串 '123'
后面 tuple_1[2:5] 截取的是一个元组 ('123', '456',789)
两者不能直接拼接,所以报异常。
>>>a*3
('123', '456', 789, '123', '456', 789, '123', '456', 789)


# 上面所有的操作都不是对原始元组的修改,可以查看
>>>tuple_1
```

注意:原来的元组内部是不能被修改的,只能截取另外赋值。所以,对元组内部元素进行的操作,都会报异常。

例如:

修改元组内部的元素,系统会报错。

```
>>> tuple_1 = ("hello", "python", "123", "456", 789, 0 )

>>> tuple_1[2] = 5

……

TypeError: 'tuple' object does not support item assignment
```

（2）其他操作函数与方法（如 len、count、index 等）。

No	函数及方法	说　明
1	len(tuple)	计算元组中的元素个数
2	max(tuple)	返回元组中元素最大值
3	min(tuple)	返回元组中元素最小值
4	tuple(seq)	将其他序列转换为元组
5	tuple.count(某元素)	计算某元素出现的次数
6	tuple.index(某元素)	某元素第一次出现的索引

例如：

```
>>>tuple_2 = (0, 1, 2, 3, 4, 5, 6, 7, 8 )

>>>len(tuple_2)

9

>>>tuple_2[2:5]

(2, 3, 4)

>>>max(tuple_2)

8

>>>min(tuple_2)

0

>>>tuple_2.count(2)   # 获取元素 2 出现的次数

1

>>>tuple_2.index(2)   # 获取元素 2 的索引

2
```

6.1.4　元组内元素的遍历

将元组内的元素一个一个地遍历出来。

例如：

```
>>>tuple_2 = (0, 1, 2, 3, 4, 5, 6, 7, 8 )
>>>len(tuple_2)
```

#for 循环遍历   #for 循环遍历
利用元组内的元素 i   # 利用索引 i

```
>>>for i in tuple_2:                    >>>for i in range(len(tuple_2)):
        print(i)                            print(tuple_2[i])
0                                       0
1                                       1
2                                       2
3                                       3
4                                       4
5                                       5
6                                       6
7                                       7
8                                       8
```

#while 循环遍历
利用索引 i

```
>>>i = 0
>>>while i < len(tuple_2):
        print(tuple_2[i])
        i+=1
0
1
2
3
4
5
6
7
8
```

组合数据类型

【要点小结】

元组的概念及创建元组的语句格式：元组名 = (, , ……)。

元素的索引　元组名 [索引]：用索引查元素。

元组名 .index(元素)：用元素查索引。

元组的其他操作：len　count 等。

元组内部元素的遍历：while/for。

6.2　创建列表的基本语法

列表是指用方括号 [ ] 括起来的、多个元素组成的组合数据类型，每个元素（element）之间用逗号隔开。

列表中字符串或数字或内套的列表、元组等，称为列表的元素。

元组一旦创建就不能再改动了，但列表是可以被修改的。

6.2.1　创建列表的基本语法

列表名称 =[' 字符串 1', ' 字符串 2', ' 字符串 3', ……]

列表名称 =[数字 1, 数字 2, 数字 3,……]

例如：

创建新的列表，并输出。

```
# 创建列表

>>>list0 =[]    # 创建一个空列表

>>>list1 = ["hello", "python", "123", "456", 789, 0]

>>>list1

["hello", "python", "123", "456", 789, 0]

>>>type(list1)    # 查看 list1 的类型

<class 'list'>

>>>list1 = [["hello", "python"], ("123", "456"), 789, 0]  # 列表中内套列表或元组

>>>len(list1)    # 查看 list1 中的元素个数

4    # ["hello", "python"]、("123", "456")、789、0 共 4 个元素

# 另一种创建列表的方法:对字符串拆分创建列表

>>>list('abcde')

['a', 'b', 'c', 'd', 'e']
```

列表的基本操作

（1）列表索引（下标）。

列表中的索引命名及顺序等与元组相同。如图 6-3 所示。

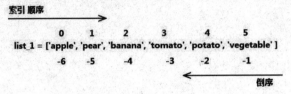

图 6-3　列表索引

（2）列表的函数与方法。

在 Python 中定义一个列表，例如：list1 = [ ]。输入 "list1." 后，Python 会自动出现列表能够使用的方法，如图 6-4 所示。

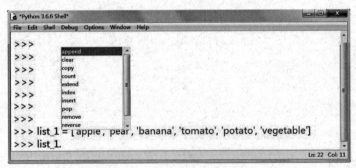

图 6-4　列表方法显示

表 6-1　列表的常用操作说明

序号	分　类	关键字 / 函数 / 格式	说　　明
1	增加	列表 .insert(索引 , 元素)	在指定位置插入元素（位置前有空元素会补位）
		列表 .append(元素)	在末尾追加元素
		列表 .extend(列表 2)	将列表 2 的元素追加到列表，效果等同于：列表 + 列表 2
2	删除	del 列表 [索引]	删除指定索引的元素
		列表 .remove（元素）	删除第一个出现的指定元素
		列表 .pop( )	删除末尾元素
		列表 .pop(索引)	删除指定索引元素
		列表 .clear( )	清空列表
3	修改	列表 [索引] = 元素	修改指定索引的元素

（续表）

序号	分 类	关键字/函数/格式	说 明
4	查询	变量 = 列表 [索引]	查询指定索引的元素
		列表 .index(元素)	查询元素第一次出现的索引
		len(列表)	查询列表长度
		列表 .count(元素)	查询元素在列表中出现的次数

【要点小结】

列表概念及创建方法：列表名 = [元素 1, 元素 2,…….]。

列表索引。

列表的基本操作（增、删、改、查等）。

6.3 列表的增加删除操作

6.3.1 列表的基本操作 —— 增加

列表创建后可以进行修改（直接修改原始列表），比如列表增加元素，可以采用：insert、append、extend 等。

表 6-2 列表的增加操作

列表 .insert(索引 , 元素)	在指定索引位置插入元素 (位置前有空元素会补位)
列表 .append(元素)	把一个元素加到列表的最后，一次只能添加一个元素
列表 .extend(列表 2)	将列表 2 的元素追加到列表，相当于列表 = 列表 + 列表 2（注意需要赋值）

例如：

创建列表 list_1 = ['A','B','C','D']　　　　list_2 = list('abcd')

（1）在 list_1 中元素 'A' 后面插入 22（或说是索引 1 位置的元素 =22）；

（2）在 list_1 最后追加元素 'E'；

（3）将 list_1 与 list_2 合并（或说将 list_2 追加到 list_1 中）。

```
>>>list_1=['A','B','C','D']

>>>list_2=list('abcd')


>>>list_1.insert(1,22)   # 在索引 1 位置上插入 22

>>>list_1

['A',22,'B','C','D']   # 直接在原列表中修改
```

```
>>>list_1.append('E')
>>>list_1
['A',22,'B','C','D','E']   #在上一步操作的基础上,追加了一个元素 'E'。


>>>list_1.extend(list_2)   #在前面操作的基础上,追加或合并列表 list_1 与 list_2。
>>>list_1
['A',22, 'B', 'C', 'D', 'E', 'a', 'b', 'c', 'd']


>>> list_1=list_1+list_2      #意义同 list_1.extend(list_2)
>>> list_1
['A', 22, 'B', 'C', 'D', 'E', 'a', 'b', 'c', 'd', 'a', 'b', 'c', 'd']
```

6.3.2 列表的基本操作 —— 删除

删除列表中的元素如表 6-3 所示。

表 6-3　列表元素的删除

del 列表 [索引]	删除指定索引的元素;无索引时,删除整个列表
列表 .pop(索引)	删除指定索引元素,与 del 相同,但注意后面的 [ ] 与 ( ) 区别
列表 .pop( )	删除末尾元素
列表 .remove（元素）	删除第一个出现的指定元素
列表 .clear( )	清空列表

例如：

```
>>>list_1 = ['A','B','C','D']
>>>list_2 = list('abcd')


# del 列表 [ 索引 ]
>>>del list_1[1]   #删除索引 1 位置上的元素,也可以删除切片比如 [1:3] 左闭右开。
>>>list_1
['A', 'C', 'D']
# 列表 .pop（索引）
>>>list_1.pop(1)    #在上一步操作的结果中,删除索引 1 位置上的元素
'C'
>>>list_1
['A', 'D']
# 列表 .pop( )
```

```
>>>list_1.pop()     # 在上一步操作的结果中,删除列表中最后一个元素
'D'
>>>list_1
['A']
# 为了后续操作,创建有重复元素的列表(利用拼接赋值)
>>>list_1=list_1 + list_2 + list_2  # 把 list_2 元素追加 2 次到 list_1 中
>>>list_1
['A', 'a', 'b', 'c', 'd', 'a', 'b', 'c', 'd']
# 列表 .remove(元素)
>>>list_1.remove('a')          # 删除第一个出现的指定元素 'a'
>>>list_1
['A', 'b', 'c', 'd', 'a', 'b', 'c', 'd']
# 列表 .clear()
>>>list_1.clear()
>>>list_1
[]
# del 列表
>>>del list_1          # 删除整个列表
>>>list_1
……
NameError: name 'list_1' is not defined
```

【要点小结】

对列表的基本操作(增、删)

增加元素:insert(在指定索引位置加入元素)

append(在列表最后,追加一个元素)

追加列表:extend(在列表最后追加列表) 与列表 1+ 列表 2 的区别

删除元素:del(有索引时删除指定元素,无索引时删除列表)

remove(删除第一个出现的指定元素)

pop(有索引时删除指定元素,无索引时删除最后一个元素)

clear(清空列表)

6.4 列表的修改和查询

6.4.1 列表的基本操作 —— 修改

修改指定索引的元素的值。

语句格式:列表 [索引] = 元素值

例如：

```
>>>list_1=['A','B','C','D']
# 修改列表 list_1 中索引为 2 的元素值
>>>list_1[2]= 'E'
>>>list_1
['A','B','E','D']
```

6.4.2 列表的基本操作 —— 查询

查询列表中的元素（index，len，count 等），见表 6-4。

表 6-4 列表元素的查询

变量 = 列表 [索引]	查询指定索引的元素
列表 .index(元素)	查询元素第一次出现的索引
len(列表)	查询列表长度
列表 .count(元素)	查询元素在列表中出现的次数

例如：

```
>>>list_1 = ['A','B','C', 'A','D']
# 查询列表中元素
>>>list_1[2]
'C'
>>>list_1.index('A')
0
>>>list_1.index('a')
......
ValueError: 'a' is not in list
>>>len(list_1)
5
>>>list_1.count('A')
2
>>>list_1.count('B')
1
```

【要点小结】

列表的修改 列表[索引]=元素的值

查询列表的元素、长度等：列表[索引]　len()　count()

列表.index(元素)

6.5 列表的复制与排序操作

列表的复制排序、加与乘等操作是创建新列表,需要赋值。

6.5.1 列表元素的复制

若想复制某个列表,创建一个新列表可以用copy。

语句格式：列表.copy(),生成一个新列表,复制原列表中所有的元素。

例如：

```
>>>list_1 = ['A','B', 'a','b']

# 对列表中元素复制,创建一个新的列表

>>>list_1.copy( )

['A', 'B', 'a', 'b']
```

6.5.2 列表元素的排序

若对列表中的元素进行排序,用sort,reverse语句。

表6-5 列表元素的排序

列表.sort( )	升序排序（默认升序） 若为字母,a——z（大写在前,小写在后） 若为数字,从小到大 混合排序：字符串"数字"<大写字母<小写字母
列表.sort(reverse=True)	降序排序
列表.reverse( )	逆序、反转（将原来的顺序 反过来排） 例如原来是 1,3,0,4 改为：4,0,3,1

例如：

```
>>>list_2 = ['A','B','1', '2','a','b',' 大 ',' 小 ']

# 对列表中元素排序（sort 默认升序）

>>>list_2.sort()        # 注意若列表中有整数型数字与字符串,不能排序。

>>>list_2

['1', '2', 'A', 'B', 'a', 'b', ' 大 ', ' 小 ']
```

```
# 对列表中元素排序（sort 修改为降序）
>>>list_2.sort(reverse = True)
>>>list_2
[' 小 ', ' 大 ', 'b', 'a', 'B', 'A', '2', '1']
# 对列表的元素进行逆序排列（reverse 方法），注意不是降序。
>>>list_1 = ['A','B','a','b']
>>>list_1.reverse()
>>>list_1
['b', 'a', 'B', 'A']
```

6.5.3 列表元素的加与乘的操作

列表中的"+"与"*"的应用与字符串的用法相同：

若列表之间用"+"，实际上是对列表进行拼接。前面我们介绍列表的"增"操作时，用过追加 extend 方法，效果是相同的。

而列表与数字之间用"*"，表示将该列表中所有元素复制多少遍后，再组合在一起形成一个新列表。

【相加 +】：两个列表用相加（+）拼接

【相乘 *】：列表重复多少次（遍）

例如：

```
>>>list_1 = ['A','B','a','b']
>>>list_3 = ['1','2']
# 对两列表采用 '+' 进行拼接
>>>list_1+list_3
['A', 'B', 'a', 'b', '1', '2']
# 对列表 list_3 采用 '*'3
>>>list_3 * 3
['1', '2', '1', '2', '1', '2']
```

【要点小结】

列表的其他操作中的复制、排序、'加与乘'(都需要赋值)。

列表的复制:列表 .copy( )。

列表元素的排序:列表 .sort(reverse=False/True)。

列表元素的逆序排列:列表 .reverse( )。

'+' 与 '*' 与字符串中的应用相同。

6.6 列表元素的循环遍历

遍历就是从头到尾依次从列表中取出每一个元素,并执行相同的操作。对列表元素进行的遍历可采用 while/for 语句。

6.6.1 while 语句

用 while 语句,采用索引形式(i 即是计数器又是索引)。

例如 while 列表循环遍历

```
>>>list_1 = ['A','B','a','b']
# 用 while 对列表 list_1 的元素进行遍历              # 打印结果:
>>>i=0                                              A
>>>while i<len(list_1):                             B
        print(list_1[i])                            a
        i += 1                                       b
```

6.6.2 for 语句

用 for 语句,可以采用两种编码方式进行遍历:

(1)采用元素遍历。

(2)采用索引形式遍历。

例如:

for 列表循环遍历。

```
>>>list_1 = ['A','B','a','b']
# 用元素直接进行遍历
>>>for i in list_1:
        print(i)                                    # 打印结果:
# 用元素的索引进行遍历                               A
```

```
>>>for i in ange(len(list_1)):               B

    print(list_1[i])                          a

                                              b
```

6.6.3 列表与元组之间的转换

【语句格式】用 list 函数将元组转换成列表　　　list（元组名称）

　　　　　　用 tuple 函数将列表转换成元组　　　tuple（列表名称）

例如：

```
>>>list_1 = ['A','B','a','b']

# 将列表转换为元组

>>>tuple_1 = tuple(list_1)

>>>tuple_1

('A', 'B', 'a', 'b')

>>>type(tuple_1)    # 查看 tuple_1 的类型

<class 'tuple'>

# 将元组转换为列表

>>>list_2 = list(tuple_1)

>>>list_2

['A', 'B', 'a', 'b']

>>>type(list_2)    # 查看 list_2 的类型

<class 'list'>
```

【要点小结】

列表元素的遍历：for　while

列表与元组的转换：list( )　tuple( )

6.7　实例解析 为什么某些列表元素删不掉？

6.7.1　问题与要求

在运行 Python 程序对数据进行处理时，可能会遇到各式各样的问题。比如在对列表元素进行删除时，就遇到了这样一个问题。

现在有 2 个列表：

list01 = ['A', 'a', 'b', 'a', 'c']

list02 = ['A', 'a', 'a', 'a', 'c']

要求,从 list01 与 list02 列表中,删除所有的 'a'。

首先用 for 和 while 循环对 list01 遍历,然后用 remove、del、pop 删除命令,代码如下:

```
#用 while+if 语句,循环遍历,
#remove 删除


>>>i=0
>>>while i<len(list01):
        if list01[i] == 'a':
            list01.remove(list01[i])
            print(list01)
        i+=1




#输出 list01 的结果
['A','b', 'a', 'c']
['A', 'b','c']
```

```
#用 while+if 语句,del 或 pop 删除


>>>i=0
>>>while i<len(list01):
        if list01[i] == 'a':
            del list01[i]
                # 等价于 list_01.pop(i)
            print(list01)
        i+=1


#for + if 语句
>>>for x in list01:
        if x=='a':
            list01.remove(x)
            # 也可换为 pop 与 del
        print(list01)
```

但是相同的操作对 list02 进行遍历与删除指定元素时,却发生了问题(有些指定的元素没有被删除掉)。

代码如下:

```
#用 while+if 语句,循环遍历,remove 删除


>>>i=0
>>>while i <len(list02):
        if list02[i]=='a':
            del list02[i]
            print(list02)
        i+=1
```

```
#for + if 语句
>>>for i in list02:
        if i =='a':
            list02.remove(i)
            print(list02)
```

['A', 'a', 'a', 'c']	['A', 'a', 'a', 'c']
['A', 'a', 'c']	['A', 'a', 'c']

问题：同样的操作，list01 中的指定元素都被删除掉了，而 list02 中有些元素为什么没有被删除掉呢？

6.7.2　出现此问题的原因

我们看一下，循环执行的过程就知道了，以 for 循环为例：

```
>>> list02 = ['A', 'a', 'a', 'a', 'c']        解析：
>>> for i in list02:                              list02 = ['A', 'a', 'a', 'a', 'c']
        if i == 'a':                                  a对应索引    1  2  3
            list02.remove(i)
            print(list02)              循环过程：
                                           第1次 i为原索引0的'A'              输出 ['A', 'a', 'a', 'a', 'c']
                                           第2次 i为原索引1的'a' 满足条件删除  输出 ['A', 'a', 'a', 'c']
                                           第3次 i为原索引2的'a' 满足条件删除  输出 ['A', 'a', 'c']
```

第 1 次循环，找到第一个元素 'A'，不符合 if 条件，继续往后找（循环）；第 2 次循环，找到第二个元素 'a'，符合 if 条件，删掉；第 3 次循环，找到第三个元素 'a'，符合 if 条件，删掉，循环结束。

同理 while 循环也是如此。知道了出现该问题的原因，怎样解决呢？

6.7.3　解决办法

既然，问题出在第 2 次循环后，遍历从第三个元素（也即原列表中第四个元素）的位置开始，漏掉了原列表中的第三个元素。所以：

方法 1：

想办法让程序后退一个位置，即从第二个元素（原列表中第三个元素）开始就行了。

例如：

对计数器进行改动处理。

```
>>>list02 = ['A', 'a', 'a', 'a','c']
#方法 1：调整计数器，使指针从新列表中指向删除元素位置上的元素重新开始遍历。
>>>i=0
>>>while i<len(list02):
        if list02[i] == 'a':
                list02.remove(list02[i])
```

```
    print(list02)
    i-=1          # i-=1 表示删除元素后,索引后退一位
  i+=1
```

方法 2:

另辟蹊径,可以这样做:

要求删除 'a' 元素,那我们创建一个新的空列表,通过 if 判断,将不是 'a' 的元素拿出来,追加到空列表中。

```
>>>list02 = ['A', 'a', 'a', 'a','c']

# 方法 2:利用 != 不等于,添加元素到新列表中

>>>list03 = []     # 创建一个空列表,然后将满足条件的添加到此列表中

>>>for x in list02:

    if x != 'a':

        list03.append(x)

        print(list03)


# 输出结果

['A']

['A', 'c']
```

方法 3:

借助集合"无重复元素"的特点,删掉重复的元素,再遍历。

即先将列表转换为集合,因为集合有"无序""无重复元素"特点,所以转换后,没有重复元素(重复元素只留下一个,其余的都删除),再转换回列表,用 while 或者 for 循环遍历。(集合相关知识参考集合章节)

```
>>>list02 = ['A', 'a', 'a', 'a','c']
# 方法 3:利用 set 集合转换,再利用 for/while 循环
>>>set01 = set(list02)
>>>set01
{'c', 'A', 'a'}
>>>list03 = list(set01)
>>>list03
['c', 'A', 'a']
```

```
# 文件式运行方式代码（while+if）
i=0
while i<len(list02):
    if list02[i] == 'a':
        list02.remove(list02[i])
        print(list02)
    i+=1


# 文件式运行方式代码（for+if）
for x in list02:
    if x == 'a':
        list02.remove(x)
        print(list02)
```

【要点小结】

问题的关键点：遍历时，索引指向的位置是连续的、不重复的。每删除一个元素，后面索引所对应的元素值是上次列表索引的后一个元素。

解决方法多种。（这里仅介绍了其中的3种）

（1）删除元素后，索引位置后退一个；

（2）创建空列表，通过!=判断，将元素追加到空列表；

（3）借助集合的"无重复元素"特点，转换。

6.8 集合的创建与转换

按不同的格式将组合数据类型分为集合类型、序列类型和映射类型。

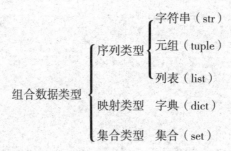

Python语言中的集合类型与我们数学上讲的含义基本相同，突出的特点就是元素之间的无序、唯一性。

6.8.1 创建集合的基本语法

集合名 ={ 元素 1, 元素 2 , ……}

使用 { } 作为定界符,注意与字典相区分。

元素之间用","(逗号)隔开。

元素唯一性,也即同一个集合内的每个元素都是唯一的,元素之间不允许重复。

只能包含数字、字符串、元组等不可变类型的数据;而不能包含列表、字典、集合等可变类型的数据。

例如:

```
# 创建集合,定界符 {}

>>>set1 = {3,5}

>>>set1

{3, 5}

>>>type(set1)

<class 'set'>

# 元素唯一性

>>>set2 = {3,5,3,5}

>>>set2

{3, 5}


>>>set3 = {[3,5],3,5}

Traceback (most recent call last):

……

TypeError: unhashable type: 'list'

# 注意:创建空集合,区别于创建空元组:元组名 =( ) 与空字典:字典名 ={}

>>>set0 = set()

>>>type(set0)  # 查看类型

<class 'set'>

>>>a = ()    # 创建 空元组

>>>type(a)

<class 'tuple'>
```

```
>>>b = {}   # 创建 空字典
>>>type(b)
<class 'dict'>
>>>c = []   # 创建 空列表
>>>type(c)
<class 'list'>
```

6.8.2　集合与其他序列类型的相互转换

元组、列表、字符串、range 对象等其他可迭代对象转换为集合。

需要注意的是,如果原来序列中存在重复元素,则在转换后集合仅保留一个。

【补充】

类似于 list( )、tuple( )、dict( )、set( )、int( )、str( ) 等这样的函数可以将其他类型的数据转换为其要求的数据类型,相当于创建新的数据类型,又称为工厂函数。

例如:

将元组、列表等转换为集合。

```
# 字符串转换为集合,拆分成一个   个的字母,然后去重后,组合形成集合;
# 拆分字符串,与字符串转换为 tuple、list 相同,区别在于元组与列表不去重,且按原来
的顺序呈现。
>>>str1="hello world"
>>>set(str1)
{'r','w',' ','e','l','h','o','d'}
>>>list(str1)
['h', 'e', 'l', 'l', 'o', ' ', 'w', 'o', 'r', 'l', 'd']
>>>tuple(str1)
('h', 'e', 'l', 'l', 'o', ' ', 'w', 'o', 'r', 'l', 'd')
# 元组转换为集合（去重）
>>>tuple1=(0,1,1,1,2,2,2,3,4,5)
>>>set(list1)
{0, 1, 2, 3, 4, 5}
# 字典转换为集合（呈现 keys）
>>>dict1={"name":" 小明 ", "age":18}
```

```
>>>set(dict1)
{'age', 'name'}    #输出每一个 " 键 "
#range 产生的序列转换为集合
>>>set(range(5))
{0, 1, 2, 3, 4}
```

例如 :

将集合转换为元组、列表等。

```
# 集合转换为元组
>>>set2= {0，1，2，3，4，5}
>>>tuple(set2)
(0, 1, 2, 3, 4, 5)
# 集合转换为列表
>>>list(set2)
[0, 1, 2, 3, 4, 5]
# 集合转换为字符串
>>>str(set2)
'{0, 1, 2, 3, 4, 5}'
```

【要点小结】

集合的创建 :

直接创建 : 集合名 = { 元素 1,元素 2，……}。

创建空集合 : 集合名 =set( ) 与创建空元组、空字典区别开。

利用其他序列类型的转换 : set（其他序列名）。

其他序列如 : list、tuple、dict、str、range,等等。

6.9　集合的增加删除及查询操作

显示 set 的常用操作方法 : 集合名。

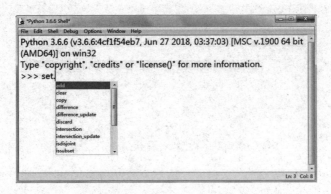

图 6-5　显示集合可用的方法

集合 set 方法的常用操作说明见表 6-6。

表 6-6　集合的常用操作说明

增加	集合名 .add（新元素）
	集合名 .update(集合 2)
删除	集合 .discard()
	集合 .pop( )
	集合 .remove(元素)
	集合 .clear( )
	del 集合
查询	len(集合名)
	in /not in 判断元素在不在集合中（其它序列也可以用 in/not in ）

6.9.1　增加集合中的元素

向集合增加新元素有两种途径，如表 6-7 所示。

表 6-7　集合元素的增加

| 合名 .add（新元素） | 括号内填写增加的新元素，若该元素已经存在，则忽略该操作，不会抛出异常。 |
| 名 .update(集合 2) | 将集合 2 的元素追加到集合中，忽略重复的元素 |

例如：

```
>>>set1 ={1,2,3,4,5,6}
>>>set1.add(7)
>>>set1
{1, 2, 3, 4, 5, 6, 7}
```

```
>>>set2 ={40,50,60}

>>>set1.update(set2)

>>>set1

{1, 2, 3, 4, 5, 6, 7, 40, 50, 60}
```

6.9.2 删除集合中的元素

表 6-8 集合元素的删除

集合 .discard()	从集合中删除一个指定的元素，如果元素不在集合中，则忽略该操作
集合 .remove(要删除的元素)	删除集合中的元素，如果指定元素不存在，则抛出异常
集合 .pop( )	随机删除并返回集合中被删除的元素，如果集合为空则抛出异常
集合 .clear( )	清空集合
del 集合	删除整个集合

例如：

```
#discard 删除集合中指定的元素
>>>set1 ={1,2,3,4,5,6}
>>>set1.discard(4)
>>>set1
{1,2,3,5,6}


>>>set1.discard(8)    # 要删除的元素不在集合中,不报异常,忽略此操作
>>>set1
{1,2,3,5,6}


#remove 删除集合中指定的元素
>>>set1.remove(5)
>>>set1
{1,2,3,6}
>>>set1.remove(8)    # 要删除的元素不在集合中,报异常 ( 与 discard 不同 )
Traceback (most recent call last):
……

set1.remove(8)
```

ignore

KeyError: 8

#pop 随机删除集合中的一个元素，并返回被删除的元素

>>>set2 ={1}

>>>set2.pop()

1

>>>set2.pop()　　　　　#若要删除空集合中的元素，报异常

Traceback (most recent call last):

……

set2.pop()

KeyError: 'pop from an empty set'

#clear 清空集合

>>>set3 ={0,1,2,3}

>>>set3.clear()

>>>set3

set()

#del 删除集合

>>>set3 ={0,1,2,3}

>>>del set3

>>>set3

Traceback (most recent call last):

……

set3

NameError: name 'set3' is not defined

6.9.3　查询集合中的元素

表 6-9　集合元素的查询

变　量	查询指定数据
len(集合名)	查询集合长度
in /not in	判断元素的存在

例如：

```
#len 查询集合长度
>>>set_1 ={1,2,3,4,5,6}
>>>len(set_1)
6
#in / not in 判断元素是否存在集合中
>>>if 1 in set_1:
        print('yes')
else:
        print('no')


yes        # 返回 yes
```

【要点小结】

集合 set 方法等的常用操作：

增：add update。

删：discard pop remove clear del。

查：len 成员关系运算等。

6.10 集合的遍历与运算

6.10.1 集合元素的遍历 for

例如：

因为集合是无序的，没有索引，所以不能用 while 循环遍历，但是可以用 for。

```
>>>set_4 ={1,2,3,4}
>>>for i in set_4:
        print(i)
```

6.10.2 集合相关的其他运算

内置函数 max( )、min( )、sum( )、sorted( )、map( )、filter( )、enumerate( ) 等都适用于集合。另外 Python 集合还支持数学意义上的交集 &、并集 |、差集 – 等运算。

表6-10　集合运算的操作

运　算	具体操作
交集	set_a & set_b 等价于 set_a.intersection(set_b)
判断	set_a.isdisjoint(set_b) 判断交集是否为空，若无交集，返回 True
并集	set_a	set_b 等价于 set_a.union(set_b)
差集	set_a – set_b 等价于 set_a.difference(set_b)
对称差集	set_a^set_b 等价于 set_a.symmetric_difference(set_b)
包含关系	set_a < set_b 等价于 set_a.issubset（set_b） 判断 set_b 是否包含 set_a，即 a 是 b 的真子集，返回 True 或 False

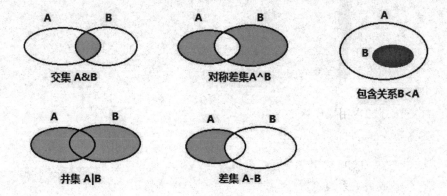

图6-6　集合运算

例如：

```
>>>set_a ={1,2,3,4}
>>>set_b ={3,4,5,6}
>>>set_c ={10,20,30}
# 交集 &
>>>set_a & set_b
{3, 4}
>>>set_a.intersection(set_b)
{3, 4}

>>>set_a.isdisjoint(set_b) # 判断交集是否为空集，是 True，否 False
False

>>>set_a.isdisjoint(set_c)
```

True

并集 |
>>>set_a|set_b
{1, 2, 3, 4, 5, 6}

>>>set_a|set_c
{1, 2, 3, 4, 10, 20, 30}

差集 –
>>>set_a – set_b
{1, 2}

>>>set_b – set_a
{5, 6}

对称差集 set_a ^ set_b
>>>set_b ^ set_a
{1, 2, 5, 6}

包含关系 set_a < set_b
>>>set_b < set_a
False

【要点小结】

集合元素的遍历：for。

集合的运算：并集、交集、差集、对称差集、包含关系。

6.11　字典的增加与修改

dict 是 dictionary 的缩写，通常是存储描述与一个物体相关的组合信息。通过键值对这样的元素形式呈现物体的相关信息，其中每个元素都有一个键（key）和它对应的值（value），我们可以通过'键'查找其对应的值的信息,这个过程也叫 map（映射）。

比如我们要储存与某一人相关的多个信息,如姓名、年龄、身高、体重等,就可以用字典的形式表达。

6.11.1 创建字典的基本语法

字典 名 ={' 键 1':' 值 1', ' 键 2':' 值 2', ……}

注意：

键 key 是索引。

值 value 是元素的值。

键值之间用 :（冒号）隔开,例如：键 : 值。

键必须是唯一的,不能有重复的,只能使用字符串、数字或元组。

值可以取任何数据类型,可以多个。

例如：

```
# 创建字典

>>>dict0 = {}    # 定义了一个空字典

>>>dict1 = {' 李明 ':' 篮球 ',' 王红 ':' 跑步 ',' 赵强 ':' 足球 '}

>>>dict1

{' 李明 ':' 篮球 ',' 王红 ':' 跑步 ',' 赵强 ':' 足球 '}

>>>dict2 = {0:' 平局 ', 1:' 获胜 ', –1:' 失败 '}

# 储存某个人的相关信息

>>>info={'name':' 小明 ','age':17, 'height':170, 'weight':60}
```

6.11.2 字典的常用操作：增、删、改、查

字典元素增改的常用函数与方法,如表 6–11 所示。

表 6–11 字典元素的增改

字典 [key] = value	修改指定 key 的数据, key 若不存在,会新建键值对
字典 .setdefault（key, value）	若 key 存在,不会修改数据, key 若不存在,会新建键值对
字典 .update(字典 2)	将字典 2 的数据追加到字典中

例如：

同学喜欢的体育活动 (小明 —— 篮球 ; 小红 —— 跑步)

```
>>>dict1 = {' 小明 ':' 篮球 ',' 小红 ':' 跑步 '}
# 字典 [key] = value
>>>dict1 [" 小明 "] = " 乒乓球 "   # key" 小明 " 存在, 则修改其数据
>>>dict1
{' 小明 ': ' 乒乓球 ', ' 小红 ': ' 跑步 '}
>>>dict1 [" 大明 "] = " 乒乓球 "   # key" 大明 " 不存在, 则新建其数据
>>>dict1
{' 小明 ': ' 篮球 ', ' 小红 ': ' 跑步 ', ' 大明 ': ' 乒乓球 '}
# 字典 .setdefault（key, value）
>>>dict1.setdefault(" 小红 ", " 壁球 ") #key 存在, 不修改;
>>>dict1
{' 小明 ': ' 篮球 ', ' 小红 ': ' 跑步 '}
>>>dict1.setdefault(" 大红 ", " 壁球 ") #key 不存在, 新建数据;
>>>dict1
{' 小明 ': ' 篮球 ', ' 小红 ': ' 跑步 ', ' 大红 ': ' 壁球 '}
# 字典 .update( 字典 2)
>>> dict2 = {0:" 平局 ",1:" 获胜 ",-1:" 失败 "}
>>> dict1.update(dict2)
>>> dict1
{' 小明 ': ' 篮球 ', ' 小红 ': ' 跑步 ', 0: ' 平局 ', 1: ' 获胜 ', -1: ' 失败 '}
```

【要点小结】

创建 dict：{ ' 键 ': ' 值 ', ' 键 ': ' 值 ', …… }。

字典的操作：增改。

6.12 字典的删除与查询

6.12.1 删除字典中的元素

表 6-12 字典元素的删除

del 字典 [key]	删除指定的键值对, key 若不存在, 会报异常；无 [key] 时, 删除整个字典
字典 .pop(key)	删除指定的键值对, key 若不存在, 会报异常
字典 .popitem( )	随机删除一个键值对（一般是删除最后一对）
字典 .clear( )	清空字典

例如：

同学喜欢的体育活动 (小明 —— 篮球；小红 —— 跑步；小强 —— 足球；)。

```
>>>del dict01 [" 小明 "]
>>>dict01
{ ' 小红 ': ' 跑步 ', ' 小强 ': ' 足球 '}
>>>del dict01[" 大明 "] #key 不存在，会报错
>>>dict01
……
KeyError:' 大明 '
>>>dict01.pop(" 小明 ")   # 删除 指定 key 的数据
>>>dict01
{ ' 小红 ': ' 跑步 ', ' 小强 ': ' 足球 '}


>>>dict01.popitem()   # 删除最后一对
>>>dict01
{' 小明 ': ' 篮球 ', ' 小红 ': ' 跑步 '}
>>>dict01.clear()   # 清空字典
>>> dict01
{}
```

6.12.2 查询字典中的元素

表 6-13   字典元素的查询

字典 .keys( )	显示所有的键
字典 .values( )	显示所有的值
字典 .items( )	显示所有的(键,值)元组列表
字典 [key]	从字典中取 key 对应的值 若 key 不存在会报异常
字典 .get(key)	从字典中取 key 对应的值； 若 key 不存在,没有返回
len(字典)	按 key 查询字典的长度

例如：

同学喜欢的体育活动 (小明 —— 篮球；小红 —— 跑步；小强 —— 足球)。

```
>>>my_dict = {' 小明 ':' 篮球 ',' 小红 ':' 跑步 ',' 小强 ':' 足球 }

>>>my_dict

{' 小明 ':' 篮球 ', ' 小红 ':' 跑步 ', ' 小强 ':' 足球 '}

>>>my_dict.keys()      # 显示所有的 key, 打印结果：

dict_keys([' 小明 ', ' 小红 ', ' 小强 '])

>>>my_dict.values()    # 显示所有的 value, 打印结果：

dict_values([' 篮球 ', ' 跑步 ', ' 足球 '])

>>>my_dict.items()  # 显示所有的 key, value, 每对以元组形式显示在列表中

dict_items([(' 小明 ', ' 篮球 '), (' 小红 ', ' 跑步 '), (' 小强 ', ' 足球 ')])

>>>my_dict[' 小明 ']     # 打印结果：篮球

>>>my_dict[' 大明 ']    # 字典中没有"大明", 会报错

# 报错：

Traceback (most recent call last):

..................... .

KeyError: ' 大明 '

>>>my_dict.get(' 小明 ')      # 打印结果：篮球

>>>len(my_dict)

3
```

【要点小结】

字典的操作：删除与查看。

6.13   字典的转换与遍历

6.13.1   字典转换为列表、元组

list( )   tuple( ) 两者操作相同, 以 list( ) 的操作为例：

list(字典)   # 等价于 list (字典 .keys())

list(字典 .values())

list(字典 .items())

例如：

```
>>>info = {"name": " 小明 ","age": 17, "gender": True, "height": 170, "weight": 60}
>>>list(info)        # 键列表等价于 list(info.keys())
['name', 'age', 'gender', 'height', 'weight']
>>>list(info.values())  # 值列表
[' 小明 ', 17, True, 170, 60]
>>>list(info.items())  # 打印键值对
[('name',' 小明 '),('age',17),('gender',True),('height',170),('weight',60)]
>>>tuple(info)
('name', 'age', 'gender', 'height', 'weight')
>>> tuple(info.values())
(' 小明 ', 17, True, 170, 60)
>>> tuple(info.items())
(('name', ' 小明 '), ('age', 17), ('gender', True), ('height', 170)，('weight'，60))
>>>info = {"name": " 小明 ","age": 17, "gender": True, "height": 170, "weight": 60}
>>>list(info)        # 键列表等价于 list(info.keys())
['name', 'age', 'gender', 'height', 'weight']
>>>list(info.values())  # 值列表
[' 小明 ', 17, True, 170, 60]
>>>list(info.items())  # 打印键值对
[('name',' 小明 '),('age',17),('gender',True),('height',170),('weight',60)]
>>>tuple(info)
('name', 'age', 'gender', 'height', 'weight')
>>> tuple(info.values())
(' 小明 ', 17, True, 170, 60)
>>> tuple(info.items())
(('name', ' 小明 '), ('age', 17), ('gender', True), ('height', 170)，('weight'，60))
```

6.13.2 字典元素的遍历 while/for

方法 1：for 循环遍历。

```
# 字典 dict 循环遍历
>>>dict01 = {' 小明 ':' 篮球 ',' 小红 ':' 跑步 ',' 小强 ':' 足球 '}
>>>for k in dict01:    #k 为字典中的键
        print(k, dict01[k])
小明 篮球
小红 跑步
小强 足球
>>>for item in dict01.items( ): # 元组形式遍历
        print(item)
(' 小明 ', ' 篮球 ')
(' 小红 ', ' 跑步 ')
(' 小强 ', ' 足球 ')
```

方法 2：若用 while 循环进行遍历,首先将字典转换为列表或元组
因为字典内元素是无序的。

```
>>>dict01 = {' 小明 ':' 篮球 ',' 小红 ':' 跑步 ',' 小强 ':' 足球 '}
# 先将字典转换为列表或者元组
>>>new_list = list(dict01.items())
>>>new_list
[(' 小明 ', ' 篮球 '),(' 小红 ', ' 跑步 '),(' 小强 ', ' 足球 ')]
# while 循环实现
>>>i = 0
>>>while i < len(new_list):
        print(new_list[i])
        i += 1
# for 循环遍历
>>> for i in new_list:
        print(i)
# 打印结果：)
```

(' 小明 ', ' 篮球 ')

(' 小红 ', ' 跑步 ')

(' 小强 ', ' 足球 ')

练习：列表中字典作为元素寻找每个值。

```
>>>stu = [{"name": "tom","age": 20, "height": 1.7, "weight": 75.0},

{"name": "mary", "age": 19, "height": 1.6, "weight": 45.0},

{"name": "janny", "age": 18, "height": 1.5, "weight": 40.0}]

>>>for x in stu:

    if x["name"] == " 可心 ":

        print(" 找到了 ")

        print(x)          #打印：x 这个元素包含的内容

        break

    else:

        print(" 没有找到 ")
```

没有找到 #输出结果

【要点小结】

与元组、列表的转换：list( )   tuple( )。

字典的遍历：while 与 for。

第 7 章

文件和数据格式化

7.1 文件操作的语句格式

在计算机里,文字、图表、图片、音乐等这些内容通常会以文件的形式保存,比如 Word 文档、文本文件 txt、excel 文件等。我们可以通过对文件进行操作,来修改、增加、删除等其中的内容。

【步骤】

赋值 =open(文件名,访问模式)　# 两个参数: 文件名 (file) 和模式 (mode)。

对文件的操作。

文件名 .close()。

【注意】

文件打开,操作完后,必须关闭。

(1)文件名: 若文件在当前目录下,可以直接用文件名;否则必须写上路径。

无论什么操作,若在非当前目录下,需要加绝对路径或相对路径。

"..\\"或者"../" 等价,并表示上一级目录。

(2)参数: 访问模式,如表 7-1 所示。

表 7-1　文件的访问模式说明

访问模式	说　明
r	以只读方式打开文件。文件的指针将会放在文件的开头。这是默认模式。(若是只是打开一个文件,r 可以省略) 如果文件不存在,返回异常 FileNotFoundError
w	打开一个文件只用于写入,如果该文件已存在则将其覆盖;如果该文件不存在,创建新文件;若是在打开的文件,写入的位置总是在文件末尾
x	创建写模式,文件不存在则创建;文件存在返回异常 FileExistsError
a	打开一个文件用于追加;如果该文件已存在,文件指针将会放在文件的结尾,新的内容将会被写入到已有内容之后;如果该文件不存在,创建新文件进行写入

（续表）

访问模式	说　明
b	（二进制文件模式）与 r / w / x / a 一起使用，表示对二进制文件进行操作
t	（文本文件模式，默认值）与 r / w / x / a 一起使用，表示对文本文件进行操作
+	与 r / w / x / a 一起使用，在原功能基础上增加同时读写功能

例如：

现在 G:\a_second_grade 有一个文件，名为：test.txt。路径中使用 \\ 或 / 代替 \。

图 7-1　文件内容

```
>>>f = open("G:\\a_second_grade\\test.txt", "r")  # r 可以省略


>>>f.read()        # 说明 r 模式打开文件时，指针在开头，含行结束符 \n。
'1abcdefghijklmnopqrstuvwxyz\n2ABCDEFGHIJKLMNOPQRSTUVWXYZ'
# 注意读完后，指针位置在文件末尾
>>>f.close()
>>>f = open("G:\\a_second_grade\\test1.txt", "r")  # 若 test1.txt 不存在，报异常
Traceback (most recent call last):
………
f = open("G:\\a_second_grade\\test1.txt", "r")
FileNotFoundError: [Errno 2] No such file or directory: 'G:\\a_second_grade\\test1.txt'
>>>f = open("G:\\a_second_grade\\test1.txt", "w") # 写模式
# 在文件夹下查看一下
>>>f.close()
```

【要点小结】最基本的流程：打开 — 操作 — 关闭。

打开：赋值 =open（文件名，访问模式）。

文件名：相对路径与绝对路径的使用。

访问模式（r w a x 以及 b + t 的使用）。

7.2　文件指针的定位与查询

以上我们提到，以 r 的模式打开文件进行读取时，文件的指针是在文件开头的位置；那么文件的指针是什么呢？（此处指针类似于 word 中的光标）

7.2.1　文件指针

文件被打开后，Python 程序就会记住文件的当前位置，以便于执行读、写操作，这个位置称为文件的指针。（一个从文件头部开始计算的字节数为 long 类型）

例如，有个 txt 文件，其内容为：

0 指针在开头，即0的位置
1abcdefghijklmnopqrstuvwxyz
2ABCDEFGHIJKLMNOPQRSTUVWXYZ

1 指针在第一个字符后面，位置为1
1abcdefghijklmnopqrstuvwxyz
2ABCDEFGHIJKLMNOPQRSTUVWXYZ

指针在开头，即为 0 的位置；若在第一个字节后面（这里是 1 后面），即为 1 的位置，可以依次往下顺序编写用 int 类型表示的所在位置。

7.2.2　文件打开时的位置

以 "r" "r+" "rb+" 读方式，"w" "w+" "wb+" 写方式，在打开的文件一开始，文件指针均指向文件的头部。

但当从文件中读或写入内容后，文件指针从开头，逐行或逐个字节或字节流，移到被读或写入内容的末尾，再次读或写内容时从新位置开始。

7.2.3　获取文件指针的值

【语句格式】

文件名赋值 .tell( )。

【返回值】

从头（0）开始的字节数。

例如：

在 G:\a_second_grade 名为：test.txt 的文件。

test.txt 文件内容：

1abcdefghijklmnopqrstuvwxyz

2ABCDEFGHIJKLMNOPQRSTUVWXYZ

```
>>>f = open("G:\\a_second_grade\\test.txt", "r")  # 只读模式
>>>f.read(2)    #2 个字符（1 与 a）（若是汉字,则一个汉字是占两个字节的位置）
'1a'
>>>f.tell()      #返回值为:从头（0）开始,指针在第 n 个字节的位置
2
>>>f.read(2)     #2 个字符（b c）
'bc'
>>>f.tell()
4
>>>f.close()
```

7.2.4　移动文件的指针

语句格式：文件变量名 .seek(offset, whence)

【参数】

offset　偏倚量,从 whence 指定的位置开始,偏移多少字节（类型：int）。

　　　　offset 为正,表示后移；为负,表示前移。

whence　定位,指定开始位置（类型：int）,

　　　　=0,表示指针位置从文件开头默认值 0（从文件头开始,可以省略）；

　　　　=1,表示指针从文件的当前位置；

　　　　=2,表示指针从文件的末尾位置。

【返回值】从 whence 指定的位置开始,偏移的字节数。

例如：

test.txt 文件内容：

1abcdefghijklmnopqrstuvwxyz

2ABCDEFGHIJKLMNOPQRSTUVWXYZ

```
>>>f = open("G:\\a_second_grade\\test.txt","r")

>>>f.seek(5)      # 1abcd 指针在此处 efghijklmnopqrstuvwxyz
5
>>>f.read(2)      # 1abcdef 指针在此处 ghijklmnopqrstuvwxyz
'ef'
>>>f.seek(5,0)    # 1abcd 指针在此处 efghijklmnopqrstuvwxyz
5
>>>f.read(2)      # 1abcdef 指针在此处 ghijklmnopqrstuvwxyz
'ef'
>>>f.seek(5,1)    # 文件末尾向后读 5 个字节
# 报异常
Traceback (most recent call last):
……
f.seek(5,1)
io.UnsupportedOperation: can't do nonzero cur-relative seeks
>>> f.seek(-5,2)   # 文件末尾向前读 5 个字节
# 报异常
Traceback (most recent call last):
……
f.seek(-5,2)
io.UnsupportedOperation: can't do nonzero end-relative seeks

>>> f.close()
```

此处需要注意：

Python3 中，若不使用 rb、wb 等带 b 模式打开的文件，只允许从文件头（即 whence=0）开始计算相对位置，其他位置均会引发异常。（python2 不会报异常）

若要从其他位置开始的解决方法是使用 rb、wb 等带 b 模式打开的文件。

例如：

f.seek(2,0)：指针指向文件开头，向后移 2 个字节。

f.seek(2,1)：指针指向从文件的当前位置，向后移 2 个字节。

f.seek(-2, 2)：指针指向从文件的尾部，向前移 2 个字节。

例如：

test.txt 文件内容：

1abcdefghijklmnopqrstuvwxyz

2ABCDEFGHIJKLMNOPQRSTUVWXYZ

```
>>>f = open("G:\\a_second_grade\\test.txt","rb")
>>>f.tell()
0
>>>f.seek(5,0)    # 1abcd 指针在此处 efghijklmnopqrstuvwxyz
5
>>>f.read(2)     # 1abcdef 指针在此处 ghijklmnopqrstuvwxyz
b'ef'
>>>f.seek(-5,1)    # 1a 指针在此处 bcdefghijklmnopqrstuvwxyz
2
>>>f.read(2)      # 1abc 指针在此处 defghijklmnopqrstuvwxyz
b'bc'
>>>f.seek(-5,2)    # 2ABCDEFGHIJKLMNOPQRSTU 指针在此处 VWXYZ
51
>>>f.read(2)
b'VW'
>>>f.close()
```

【要点小结】

获取文件指针的位置。

　　【语句格式】f.tell( )

　　【返回值】从头（0）开始到指针所在位置中间的字节数

移动文件指针位置。

　　【语句格式】文件变量名 .seek(offset，whence)

7.3　文件的读取与写入

7.3.1　文件的读取

对打开的文件进行读取的方法操作如表 7-2 所示。

表 7-2　文件的读取说明

方　法	含　义
f.read(size)	参数 size： 　　给定 size，从文件中读入 size 长度的字符串（本文格式）或字节数（二进制），若没有给定或给定一个负值，表示从文件中读入整个内容。 　　（注意：若文件很大，不要轻易使用，否则内存就爆了，可反复使用给定 size 的 read(字节数) 或反复使用 readline(size)、readline(行数)）
f.readline(size)	参数 size： 　　给定 size，从文件中读入 size 长度的字符串（本文格式）或字节数（二进制）；若没有给定（f.readline()），表示根据指针位置读完该行内容
f.readlines(hint)	给定 hint，从文件中读入 hint 行；若没有给定（f.readlines()），表示从文件中读入所有行，以每行为元素形成一个列表

例如：

test.txt 文件内容：

1abcdefghijklmnopqrstuvwxyz

2ABCDEFGHIJKLMNOPQRSTUVWXYZ

```
>>>f = open("G:\\a_second_grade\\test.txt", "r")


>>>f.read(2)
'1a'
>>>f.read()
'bcdefghijklmnopqrstuvwxyz\n2ABCDEFGHIJKLMNOPQRSTUVWXYZ'  #注意指针位置
>>>f.read()
''      #空
>>>f.seek(0)
0
>>>f.read(-1)
'1abcdefghijklmnopqrstuvwxyzn2ABCDEFGHIJKLMNOPQRSTUVWXYZ'
>>> f.seek(0)
```

```
0
>>>f.readline(2)  # 等价于 f.read(2)
'1a'
>>>f.readline()

'bcdefghijklmnopqrstuvwxyz\n'  # 从上一次读完的位置开始
>>>f.seek(0)
0
>>>f.readlines()     # 返回列表，每一行为一个元素
['1abcdefghijklmnopqrstuvwxyz\n', '2ABCDEFGHIJKLMNOPQRSTUVWXYZ']
>>>f.seek(0)
0
>>>f.readlines(1)
['1abcdefghijklmnopqrstuvwxyz\n']
>>> f.close()
```

7.3.2 文件的写入

对打开的文件进行写的方法操作如下：

表 7–3 文件写的方法

方　法	含　义
f.write(str)	向文件写入一个字符串或字节流（返回值为写入的字符数或字节数）
f.writelines(lines)	将每行为一个元素字符串的列表整体写入文件（无返回值）

例如：

在 G:\a_second_grade 文件夹下，创建一个名为 test1.txt 文件。

内容为：hello python,

　　　　hello world!

　　　　我们学习 python,

　　　　我们用 python 改变世界!

```
>>>f = open("G:\\a_second_grade\\test1.txt", "w+")   # 既能写又能读
# 注意写模式（若文件存在，覆盖原来内容；若文件不存在，新建文件）
# 方法 1，f.write() 一句一句地写进去
>>>f.write('hello python,\n')   # 此处 \n 表示换行符
14
>>>f.write('hello world!\n')
13
```

>>>f.write(' 我们学习 python,\n')

12

>>>f.write(' 我们用 python 改变世界！')

14

>>>f.seek(0)

0

>>>f.read()

'hello python,\nhello world!\n 我们学习 python,\n 我们用 python 改变世界！'

>>>f.close()

方法 2，f.writelines() 一次写入

>>>f.writelines(['hello python,\n', 'hello world!\n',' 我们学习 python,\n',' 我们用 python 改变世界！'])　　#列表方式

>>>f.seek(0)

0

>>>f.read()

'hello python,\nhello world!\n 我们学习 python,\n 我们用 python 改变世界！'

>>>f.close()

【要点小结】

注意打开文件的模式（r w a x，可与 (b t +)联合使用）

文件的读取

　　read( )、readline( )、readlines( ) 等方法

文件的写

　　write(str)、writelines(lines) 等方法

7.4　实例解析文件操作的基本方法

【复习一下文件操作的基本方法】

（1）文件的读写模式：

r w x a 以及 (b t +) 的混合使用。

（2）读文件内容：

f.read(size)，f.readline(size)，f.readlines(hint)

（3）写入文件内容：

f.write(str)，f.writelines(lines)　#lines：字符串、列表格式的内容

（4）删除文件内容：

f.truncate(size)

参数：size 为字节数，从头计算的第 size 个字节数位置，删除后面所有内容。

若没有指定 size，表示当前位置，删除后面所有内容。

返回值：指针的位置

例如：

```
>>>f = open("G:\\a_second_grade\\test.txt", "r+")  # 注意读写模式

>>>f.read()

'1abcdefghijklmnopqrstuvwxyz\n2ABCDEFGHIJKLMNOPQRSTUVWXYZ'

>>>f.seek(0)

0

>>>f.truncate(5)   # '1abcdefghijklmnopqrs·········' 从第 5 个字节后面开始

5

>>>f.seek(0)

0

>>>f.read()

'1abcd'

>>>f.close()
```

7.5　实例解析 文件读写操作

（1）创建一个名为"test_lx.txt"文件其内容为：

① Python 自身强大的优势决定其不可限量的发展前景。

③ Python 具有简单、易学、免费、开源、可移植、可扩展、可嵌入、面向对象等优点。

（2）第二行：②它是一种很灵活的语言，能帮你轻松完成编程工作。' 接着换行。

【第一问】

创建文件"test_lx.txt"。

```
>>>f = open("G:\\a_second_grade\\test_lx.txt", "w+")  # 注意读写模式
>>>f.write (' ① Python 自身强大的优势决定其不可限量的发展前景。\n ③ Python 具有
简单、易学、免费、开源、可移植、可扩展、可嵌入、面向对象等优点。')  # 目前指针在文
件末尾
>>>f.seek(0)
0
>>>f.read()
' ① Python 自身强大的优势决定其不可限量的发展前景。\n ③ Python 具有简单、易学、
免费、开源、可移植、可扩展、可嵌入、面向对象等优点。'
>>>f.close()
```

【第二问】

```
>>>f = open("G:\\a_second_grade\\test_lx.txt", "r+")  # 注意读写模式
>>>a=f.readlines()
>>>a
['①Python 自身强大的优势决定其不可限量的发展前景。\n', '③Python 具有简单、易学、
免费、开源、可移植、可扩展、可嵌入、面向对象等优点。']
>>>a.insert(1, '②它是一种很灵活的语言,能帮你轻松完成编程工作。\n')
>>>a
[' ① Python 自身强大的优势决定其不可限量的发展前景。\n', ' ②它是一种很灵活的语
言,能帮你轻松完成编程工作。\n', ' ③ Python 具有简单、易学、免费、开源、可移植、可
扩展、可嵌入、面向对象等优点。']
# 这里需要注意的是,若直接写内容或者追加内容的操作,都是原有文件内容的末尾增
加内容。
# 所以我们首先删除原来的内容,再写入。# 方法: truncate() 删除
>>>f.seek(0)
0
>>>f.truncate()     # 删除指针后面的所有内容,返回指针的位置
0

>>>f.writelines(a)
>>>f.seek(0)
0
>>>f.readlines()
```

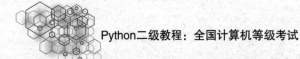

[' ① Python 自身强大的优势决定其不可限量的发展前景。\n', ' ②它是一种很灵活的语言，能帮你轻松完成编程工作。\n', ' ③ Python 具有简单、易学、免费、开源、可移植、可扩展、可嵌入、面向对象等优点。']

>>> f.close()

【要点小结】

注意打开文件的模式（r w a x，可与 (b t +) 联合使用）。

文件的读取：

read( )、readline( )、readlines( ) 等方法。

文件的写入：

write(str)、writelines(lines) 等方法。

删除文件内容：

truncate(size)。

7.6　数据维度及基本操作

数据之间的基本关系或逻辑，通过不同组织形成表现为不同的维度。数据根据组织的形式不同，可以分为一维、二维、多维、高维数据。

7.6.1　一维数据的存储与处理

一维数据是指呈线性方式的一组有序或无序的数据，表现形式有列表[ ]（有序）、集合 { }（无序）等。

（1）一维数据的存储。

一维数据的存储方式有三种：以空格、逗号及其他符号等分隔。

①以空格分隔：使用一个或多个空格分隔数据，注意此种方式不换行，数据内部不能有空格，否则认为是分隔符。例如：abcd b c d。

②以逗号分隔：用逗号将数据分隔开，这种方式比较常用，一般可以国际通用的存储格式 CSV 格式（comma-separated values）保存为扩展名为 .csv 的文件，每个元素一行，利用 excel 软件可以读入输出。

例如：

>>>f = open("E:\\a_second_grade\\a_datafile.csv","w+")

>>>f.writelines([" 姓名,语文,数学,合计 "])

```
>>>f.seek(0)
0
>>>f.read()
' 姓名,语文,数学,合计 '

>>>f.close()    # 打开 csv 文件查看一下
```

③以其他符号分隔：用其他符号比如分号、换行符等将数据分隔开。

（2）一维数据的操作。

一维数据主要是以列表形式表示，操作基本与列表类型操作一样。

7.6.2　二维数据的存储与处理

二维数据是由关联关系数据构成的，一般采用二维表格的方式组织，所以又称为表格数据。我们常见的表格都属于二维数据。

二维数据存储的数据，一般是相同的数据类型，数值要表示为字符串形式。

例如：

某个班三位学生的成绩数据表格如表 7-4 所示。

表 7-4　姓名成绩表

姓　名	语　文	数　学	合　计
张三	95	92	187
李四	85	74	159
小丽	89	87	176

在程序中，这种数据通常以列表的形式表现（列表中再套列表）。

例如：[[ ], [ ], [ ],……]

（1）二维数据的存储。

例如：

上面的表格数据可以表示为：

list1=[[' 姓名 ',' 语文 ',' 数学 ',' 合计 '],[' 张三 ','95','92','187'], [' 李四 ','85','74','159'], [' 小丽 ','89','87','176']]

将上述数据保存为 csv 文件。

```
>>>f = open("E:\\a_second_grade\\a_datafile.csv","w+")


>>list1=[[' 姓名 ',' 语文 ',' 数学 ',' 合计 '], [' 张三 ','95','92','187'],[' 李四 ','85','74','159'],[' 小丽 ','89','87','176']]
```

```
>>>f = open("E:\\a_second_grade\\a_datafile.csv","w+")


>>list1=[[' 姓名 ',' 语文 ',' 数学 ',' 合计 '], [' 张三 ','95','92','187'], [' 李四 ','85','74','159'],['
小丽 ','89','87','176']]


>>> for i in list1:
        f.write(','.join(i)+'\n')     # 返回写入的字符数，\n 为一个字符
12

13

13

13
>>>f.seek(0)

0
>>>f.read()
' 姓名 , 语文 , 数学 , 合计 \n 张三 ,95,92,187\n 李四 ,85,74,159\n 小丽 ,89,87,176'


>>>f.close()
# 另外，还可以这样做：文件打开后，注意 list2 格式与 list1 不同。
>>>list2=[" 姓名 , 语文 , 数学 , 合计 \n", " 张三 ,95,92,187\n", " 李四 ,85,74,159\n"," 小
丽 ,89,87,176"]


>>>f.writelines(list2)


>>>f.seek(0)

0
>>>f.read()
' 姓名 , 语文 , 数学 , 合计 \n 张三 ,95,92,187\n 李四 ,85,74,159\n 小丽 ,89,87,176'


>>> f.close()
```

（2）二维数据的操作。

二维数据主要以列表中套列表的方式表示，所以其操作与二维列表操作一致。

一般需要借助循环遍历对每个数据进行处理。例如：

for line in list:　　　# 找到行

　　for item in line.　　# 找到列,也即找到行与列对应的格子

具体的操作语句如下。

例如：

根据某个班三位学生的成绩数据表格创建的 a_datafile.csv 文件,在名字前加上学号 101,102,103。

表 7-5　学号成绩表

学　号	姓　名	语　文	数　学	合　计
101	张三	95	92	187
102	李四	85	74	159
103	小丽	89	87	176

a_datafile.csv 文件已经存在的情况下:打开文件 —— 读 —— 添加内容 —— 写 —— 关闭文件。

```
>>>f = open("E:\\a_second_grade\\a_datafile.csv","r+") # 注意读写模式

>>>a=f.readlines()

>>>a

[' 姓名,语文,数学,合计 \n', ' 张三,95,92,187\n', ' 李四,85,74,159\n', ' 小丽,89,87,
176']

>>>b=[' 学号 ', '101', '102', '103']

>>>for i in range(len(a)):

    a[i]=b[i]+','+a[i]

>>>a

[' 学号,姓名,语文,数学,合计 \n', '101,张三,95,92,187\n', '102,李四,85,74,159\n',
'103,小丽,89,87,176']

>>>f.seek(0)

0

>>>f.truncate()   # 清除原来的内容

0

>>>f.writelines(a)

>>>f.close()
```

7.6.3 多维数据

多维数据是三维及以上的数据的组织形式，通常也是组织为列表类型的数据。

这种数据表现在坐标系中，有多个方向的坐标。

7.6.4 高维数据

高维数据是以键值对的字典类型、JSON、HTML、XML 等数据构成。采用对象方式组织，可以多层嵌套。

【要点小结】

数据维度：一维、二维、多维、高维数据。

一维、二维数据的存储与基本操作。

第 8 章
Python 计算生态

8.1 计算思维

8.1.1 计算思维的概述

在人类认识世界、改造世界的过程中表现出 3 种基本的思维特征：

以实验和验证为特征的实证思维，以物理学科为代表。

以推理和演绎为特征的逻辑思维，以数学学科为代表。

以设计和构造为特征的计算思维，以计算机学科为代表。

计算思维是由美国计算机科学家周以真（Jeannette M. Wing）教授于 2006 年 3 月首次提出，她在美国计算机权威期刊 *Communications of the ACM* 杂志上给出并定义了计算思维（Computational Thinking）。

那么，什么是计算思维呢？

周教授认为：计算思维是运用计算机科学的基础概念进行问题求解、系统设计及人类行为理解等涵盖计算机科学之广度的一系列思维活动。

从程序设计角度来说，计算思维就是理解问题的计算特性并抽象出来作为计算问题，然后通过程序设计语言实现这一问题的自动求解，也即计算思维是基于计算机的思维模式。

因此，计算思维的本质可以说是抽象（abstraction）和自动化（automation）。

8.1.2 实例

例如：

用黑色棋子排成的图形，按此规律排下去，问第 10 个图形有多少个黑棋子？

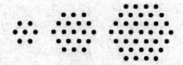

图 8-1　棋子图形

表8-1　图形棋子对照表

第 n 个图形	1	2	3	...	10	...
棋子个数	7	19	37	...	?	...

【计算思维】

将规律抽象出来，并用数学模式表示。

如何编写程序代码，实现自动求解。

【step1】抽象

表8-2　抽象图形棋子对照表

第 n 个图	棋子数	方法 1：规律	方法 2：递归
1	7	1+6*1	1+6*1
2	19	1+6*1+6*2	个数（n=1）+6*2
3	37	1+6*1+6*2+6*3	个数（n=2）+6*3
...	...	...	...
n	?	1+6*1+6*2+...+6*n =1+6*(1+2+...+n) =1+3n(n+1)	个数（n=n-1）+6*n

【step2】

```
# 方法 1（一般函数）                    # 方法 2（递归函数）

                                        >>> def num(n):

>>> def num(n):                             if n==0:

    sum_num = 1+3*n*(1+n)                       return 1

    return sum_num                          return num(n-1)+6*n

>>> num(1)                              >>> num(1)

7                                       7

>>> num(2)                              >>> num(2)

19                                      19

>>> num(3)                              >>> num(3)

37                                      37

>>> num(10)                             >>> num(10)

331                                     331
```

计算思维是人类求解问题的一条途径。

所以计算思维通过理解问题的数学思维方法、复杂系统的设计与评估的工程思维方法，以及对复杂性、智能、心理、人类行为的理解等的科学思维方法，把一个看起来困难的问题重新阐释成一个我们知道怎样解决的问题，让计算机帮我们解决那些在计算时代之前不敢尝试、也不能完成的复杂计算问题。

计算思维将渗透到生活的各个学科领域。

例如，机器学习已经改变了统计学。就数学尺度和维数而言，统计学应用于各类问题的规模就在几年前还是不可想象的。

计算机学家们对生物科学越来越感兴趣，通过运用计算思维训练计算机能够在海量序列数据中搜索寻找模式规律的本领。

8.1.3 练习

（1）从 1 累加到 100 是多少？（或计算奇数累加、或计算偶数累加等）

（2）将上面例题中每个图形的棋子累加，一直累加到第 10 个图形。

【要点小结】

计算思维：就是利用计算机求解问题的思维方式。

计算思维的本质：抽象与自动化。

人类认识世界的三种思维方式：实证思维、逻辑思维、计算思维。

8.2　程序设计方法论

8.2.1　程序设计的步骤

分析问题：分析问题的计算部分。

确定问题：将计算部分划分为确定的 IPO 三部分。

设计算法：完成计算部分的核心方法。

编写程序：实现整个程序。

调试测试：使程序在各种情况下都能正确运行；

升级维护：使程序长期正确运行，适应需求的微小变化。

【程序设计 IPO 模式】

I：Input 输入，程序的输入。输入是一个程序的开始。

P：Process 处理，程序的主要逻辑。算法是一个程序的灵魂。

O：Output 输出，程序的输出。输出是一个程序展示运算成果的方式。

8.2.2 程序设计方法

程序设计需要按照一定的方法,这样在开发程序的时候才能事半功倍。按照一定的方法进行程序设计,可以清晰地分析问题、处理问题、解决问题。下面介绍一种解决复杂问题非常有效的方法,也即自顶向下的设计方法。

该方法的思路:

首先从一个总的问题开始, 将其细化分解成一个一个小问题。每个小问题还可继续细化分解,直到细化到每个小问题都有一个明确的解决方案,然后把所有的解决方案或解决结果组合起来,最后就可以得到整个大问题的解决方案或解决结果。

这种程序设计方法称为自顶向下的设计方法(总 —— 分 —— 总),当然还有反回来的设计方法,自底向上的设计方法。

当每个小问题的解决方案组合在一起之后,是否能真正解决总的问题呢? 需要进行测试,在测试过程时,通常采用自底向上执行的方法。也即,从底层开始一点一点向上执行,若有错误或异常,容易查找及定位。

所以,在解决问题时,先通过计算思维抽象出问题,然后通过选择程序设计方法或模式,形成一种构建编程的架构,一般情况下,可采用自顶向下的设计和自底向上的执行的基本程序设计方法,最后解决总的问题。

下面一个实例说明该种自顶向下设计和自底向上执行为主的基本程序设计方法学。

8.2.3 人机猜拳游戏

玩家(player)与计算机(computer)玩猜拳游戏(1= 石头,2= 剪刀,3= 布)

【思路】

自顶向下的设计方法:

总问题:比较出输赢。

分解:可以分解为 3 个小问题。

【编写构架】

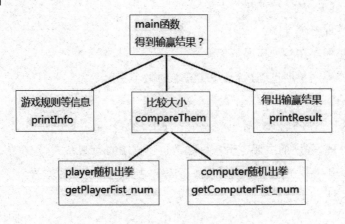

图 8-2　程序编写框架

【编写架构的代码】

```
def main():

    printInfo()    #打印相关信息：可以父代解决什么事情或有关此事情的基本信息等


    getPlayerComputerFist()    #获取玩家与机器的拳序号或名称


    compareThem()    # 比较双方出拳的大小，以获取得分（转换数字比较大小关系）


    gameOver()    #游戏结束信息
```

【完整代码】文件式

```
import random
# 添加 printInfo() 函数：输出此游戏相关信息
def printInfo():
        print('*'*30)
        print(' 此程序模拟：人（player）机（computer）猜拳大战游戏 !')
        print('player 出拳通过玩家输入，computer 出拳通过 random 函数随机出 ')
        print(' 最后输出 谁是赢家。')
        print('*'*30)
# 定义 getPlayerComputerFist 函数，获取比赛双方的出拳信息。
# return 返回值为各自出拳的序号及名称，以备 compare 比较用。
def getPlayerComputerFist():
    player_num = int(input(" 石头 =1，剪刀 =2，布 =3。请玩家输入出拳编号: "))
    if player_num == 1:
        player_fist = " 石头 "
    elif player_num == 2:
        player_fist = " 剪刀 "
    else:
        player_fist = " 布 "


    computer_num = random.randint(1,3)    # 在最顶部 import random
    if computer_num == 1:
        computer_fist = " 石头 "
```

```
    elif computer_num == 2:
        computer_fist = " 剪刀 "
    else:
        computer_fist = " 布 "
    print(' 玩家出 {}'.format(player_fist),' 机器出 {}'.format(computer_fist))
    return player_num,computer_num
# 定义 oneGameCompare 函数,获取双方取得的比分信息,以备比较使用。
def oneGameCompare(player_num, computer_num):
#player_score=0
#computer_score=0

    if (player_num == 1 and computer_num == 2) or  (player_num == 2 and computer_num
== 3) or\
        (player_num == 3 and computer_num == 1):
#player_score +=1
        print(' 玩家胜,恭喜玩家得 1 分! ')
    elif player_num == computer_num:
#player_score +=1
#computer_score +=1
        print(' 平局,双方各得 1 分! ')
    else:
#computer_score +=1
        print(' 机器胜,恭喜机器得 1 分! ')
    return player_score,computer_score
# 定义 compareThem 函数,比较比分大小,获取双方输赢信息
def compareThem(player_score,computer_score):
    if player_score>computer_score:
        return ' 玩 家 与 机 器 比 分 为 {} : {}, 玩 家 胜 出, 恭 喜 玩 家! '.format(player_
score,computer_score)
    elif player_score==computer_score:
        return ' 玩家与机器比分为 {} : {},平局,不分胜负! '.format(player_score,computer_
score)
```

```
    else:
        return '玩家与机器比分为 {}：{}，机器胜出，玩家下次加油！ '.format(player_
score,computer_score)


# 定义 gameOver 函数，输出游戏结束信息
def gameOver():
    print('*'*30)
    print(' 游戏结束！ ')


def main():
    printInfo()
    player_num,computer_num =getPlayerComputerFist()
    player_score,computer_score=oneGameCompare(player_num,computer_num)
    compareThem(player_score,computer_score)
    gameOver()
main()
```

8.2.4 例题扩展

【思考】

若要三局两胜制，得出比赛最后成绩，如何设计与编写代码？

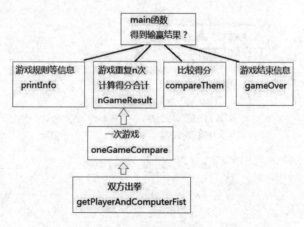

图 8-3　游戏编写框架

【编写架构的代码】

```
def main():
    printInfo()    #打印相关信息:可以交代解决什么事情或有关此事情的基本信息等

    getPlayerComputerFist()    #获取玩家与机器的拳序号或名称

    gameNTims_scores()    #获取比赛双方比较 n 次后的得分可用循环

    compareThem()    #比较获取得分,输出谁赢

    gameOver()    #游戏结束信息
```

【要点小结】

程序设计方法。

自顶向下设计：分解、连接。

自底向上测试的方法。

8.3 基本内置函数

Python 解释器提供了很多内置函数,这些函数不需要 import 引入,就可以直接使用。比如 print( )、len( )…… 函数。

这些内置函数都写在 __builtins__ 中,可以在 Python 官方文档中找到其功能介绍。

官网 https://docs.python.org/3/library/index.html,打开后：

- Introduction
  - Notes on availability
- Built-in Functions
- Built-In Constants
  - Constants added by the `site` module
- Built-in Types
  - Truth Value Testing
  - Boolean Operations — and, or, not
  - Comparisons

图 8-4 内置函数官网

Built-in Functions

The Python interpreter has a number of functions and types built into it that are always available. They are listed here in alphabetical order.

Built-in Functions				
abs()	delattr()	hash()	memoryview()	set()
all()	dict()	help()	min()	setattr()
any()	dir()	hex()	next()	slice()
ascii()	divmod()	id()	object()	sorted()
bin()	enumerate()	input()	oct()	staticmethod()
bool()	eval()	int()	open()	str()
breakpoint()	exec()	isinstance()	ord()	sum()
bytearray()	filter()	issubclass()	pow()	super()
bytes()	float()	iter()	print()	tuple()
callable()	format()	len()	property()	type()
chr()	frozenset()	list()	range()	vars()
classmethod()	getattr()	locals()	repr()	zip()
compile()	globals()	map()	reversed()	__import__()
complex()	hasattr()	max()	round()	

图 8-5 内置函数列表

在 IDLE 环境中,可以通过下列方式找到:

```
>>> dir('__builtins__')  # 查看内建函数
>>> dir(__builtins__)    # 查看内建变量和内建函数
```

下面看一下常用的 Python 内置函数及其功能说明。

8.3.1 数学运算类

表 8-3 数学运算类函数说明

abs(x)	求绝对值:参数可以是整型,也可以是复数(若参数是复数,则返回复数的模)。比如:abs(3.0j+2.0) 返回值 3.605551275463989
divmod(a, b)	分别取商和余数(注意:整型、浮点型都可以)
pow(x, y)	返回 x 的 y 次幂
round(x)	四舍五入
sum(iterable)	对组合数据类型求和,如 sum([1,2,3,4,5])
max( )	返回可迭代对象中的元素中的最小值或者所有参数的最小值
min( )	返回可迭代对象中的元素中的最小值或者所有参数的最小值

8.3.2 类型转换类

表 8-4 类型转换类函数说明

complex(real,i)	创建一个复数,如 complex(0.2,2) 返回 (0.2+2j)
float(x)	将一个字符串或数转换为浮点数,如果无参数将返回 0.0
int(x)	将一个字符转换为 int 类型

（续表）

range([start],stop[, step])	产生一个序列，默认从 0 开始
oct(x)	将一个数字转化为 8 进制
hex(x)	将整数 x 转换为 16 进制字符串
chr(i)	返回整数 i 对应的 ASCII 字符
bin(x)	将整数 x 转换为二进制字符串
bool([x])	将 x 转换为 Boolean 类型

8.3.3　逻辑判断

表 8-5　逻辑判断类函数说明

all(iterable)	集合中的元素都为真的时候为真；特别的，若为空返回为 True
any(iterable)	集合中的元素有一个为真的时候为真；特别的，若为空返回为 False
cmp(x, y)	如果 x < y，返回负数；x == y，返回 0；x > y，返回正数

8.3.4　比较运算符

表 8-6　比较运算符

>	大于
>=	大于等于
==	等于
<	小于
<=	小于等于

8.3.5　反射

表 8-7　反射函数说明

dir([object])	不带参数时，返回当前范围内的变量、方法和定义的类型列表；带参数时，返回参数的属性、方法列表。 如果参数包含方法 __dir__()，该方法将被调用；如果参数不包含 __dir__()，该方法将最大限度地收集参数信息
globals( )	返回一个描述当前全局符号表的字典
id(object)	返回对象的唯一标识
len(s)	返回集合长度
locals( )	返回当前的变量列表
type(object)	返回该 object 的类型

8.3.6 IO 操作

表 8-8　IO 操作函数说明

file(filename [, mode [, bufsize]])	如果文件不存在且 mode 为写或追加时,文件将被创建;添加 'b' 到 mode 参数中,将对文件以二进制形式操作;添加 '+' 到 mode 参数中,将允许对文件同时进行读写操作。 1）参数 filename:文件名称 2）参数 mode: 'r'（读）、'w'（写）、'a'（追加） 3）参数 bufsize:如果为 0 表示不进行缓冲,如果为 1 表示进行缓冲,如果是一个大于 1 的数表示缓冲区的大小
input([prompt])	获取用户输入
open(name[, mode[, buffering]])	打开文件
print	打印函数

【区别】

sorted and sort 的用法。

```
>>>a=[1,5,3,2,9]
>>>sorted(a)
[1, 2, 3, 5, 9]
>>>a
[1, 5, 3, 2, 9]

>>>a.sort()
>>>a
[1, 2, 3, 5, 9]
```

【要点小结】

内置函数的查找。

了解内置函数的功能。

8.4　Python 标准库 ——Turtle 库

Turtle 库是 Python 语言中一个绘制图像的函数库（模块）,其中的画笔就像一只小海龟,运行结果就像小海龟在画布上行走后,留下的轨迹形成的图形。

例如：
我们想完成这样一幅图（颜色随意）。

图 8-6　旋转彩圆

```
import turtle as t
def circle1():
    color=['red','orange','yellow','green','blue','indigo','purple']
    for  i in range(7):
        c=color[i]
        t.color(c,c)
        t.begin_fill()
        t.rt(360/7)
        t.circle(50)
        t.end_fill()
    t.done()
circle1()
```

绘图完成后，记得调用 done( ) 函数，让窗口进入消息循环，等待关闭。否则，由于 Python 进程会立刻结束，将导致窗口立即关闭。

下面介绍一下 Turtle 绘图的基础知识 —— 画布和画笔。

8.4.1　画布 (canvas)

画布可认为是 Turtle 为我们展开的用于绘图的区域，我们可以设置它的大小和初始位置。

（1）设置画布大小。

语句格式：turtle.screensize(canvwidth=None, canvheight=None, bg=None)

参数：画布的宽（单位像素），高，背景颜色。

例如：

turtle.screensize(800,600, "green")

turtle.screensize() # 查看画布大小 (800, 600)

（2）设置画布位置。

语句格式：turtle.setup(width=0.5, height=0.75, startx=None, starty=None)

参数·width，height·输入宽和高为整数时，表示像素；为小数时，表示占电脑屏幕的比例。

(startx, starty)：这一坐标表示矩形窗口左上角顶点的位置。如果为空，则窗口位于屏幕中心。

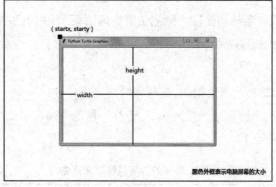

图 8-7　画布的位置

如：turtle.setup(width=0.6,height=0.6)　　# 居中心位置

turtle.setup(width=800,height=800, startx=100，starty=100)# 宽、高为 800 像素，左上角顶点坐标为 (100,100)。

8.4.2　画笔 (pen)

Turtle 绘图中，画笔是一只小海龟，可以使用位置、方向等让小海龟（画笔）按照指定的路线行走，并根据设置参数显示出走过的轨迹。

（1）画笔的状态。

画笔初始位置在画布中心有一个坐标原点（0，0），水平坐标轴为 x 轴，垂直方向的坐标轴为 y 轴。默认坐标原点上有一只头朝向 x 轴正方向小海龟。（初始位置：原点；方向朝向 x 轴正方向）

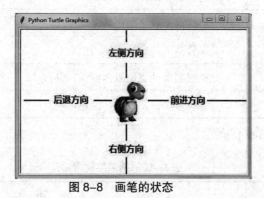

图 8-8　画笔的状态

（2）画笔的属性。

画笔的属性包括画笔的宽度、颜色、移动的速度等。

① pensize( )：设置画笔的宽度（数值越大，画出的线条越粗）。

② pencolor( )：没有参数传入，返回当前画笔颜色，传入参数设置画笔颜色。可以用字符串如"green"，"red"，也可以用 RGB3 元组设置颜色。

③ speed( )：设置画笔移动速度。画笔绘制的速度范围 [0,10] 整数，0 速度最快，1 速度最慢，从 1 开始数字越大速度越快。

（3）绘图命令。

有许多命令可以指挥小海龟绘图，这些命令划分为 3 种：

一种为移动命令、一种为画笔控制命令，还有一种是全局控制命令。

【画笔移动常用命令】

表 8-9　画笔移动常用命令

命　令	说　　明
forward(distance)	向当前画笔方向移动 distance 像素长度
backward(distance)	向当前画笔相反方向移动 distance 像素长度
right(degree)	顺时针移动 degree 度数　turtle.rt(degree)
left(degree)	逆时针移动 degree 度数　turtle.lt(degree)
pendown()	落下画笔，移动时绘制图形
penup()	提起笔移动，不绘制图形，用于另起一个位置绘制
goto(x, y)	将画笔移动到坐标为 x, y 的位置
circle()	半径为正，向左（逆时针）画圆；半径为负，向右（顺时针）画圆
setx( )	将当前 x 轴移动到指定位置
sety( )	将当前 y 轴移动到指定位置
setheading(angle)	设置当前朝向为 angle 角度
home()	设置当前画笔位置为原点，朝向东
dot(r,color)	绘制一个指定直径和颜色的圆点

【画笔控制常用命令】

表 8-10　画笔控制常用命令

命　令	说　　明
fillcolor(colorstring)	绘制图形的填充颜色

（续表）

color(color1，color2)	同时设置画笔的颜色和填充色 (pencolor=color1, fillcolor=color2)
filling()	返回当前是否在填充状态
begin_fill()	准备开始填充图形的颜色
end_fill()	填充结束
hideturtle()	隐藏画笔的 turtle 形状
showturtle()	显示画笔的 turtle 形状

【全局控制常用命令】

表 8-11　全局控制常用命令

命　令	说　明
clear()	清空 turtle 窗口，但是 turtle 的位置和状态不会改变
reset()	清空窗口，重置 turtle 状态为起始状态
undo()	撤销上一个 turtle 动作
isvisible()	返回当前 turtle 是否可见
write(s[,font=("font-name",font_size,"font_type")])	写文本。s 为文本内容，font 是字体的参数，分别为字体名称，大小和类型；font 为可选项，font 参数也是可选项
stamp()	复制当前图形

【其他常用命令】

表 8-12　其他常用命令

命　令	说　明
mainloop( ) 或 done( )	启动事件循环； 必须是乌龟图形程序中的最后一个语句
mode(mode=None)	设置乌龟模式（"standard""logo"或"world"）并执行重置。如果没有给出模式，则返回当前模式。 standard: 向右（东），若是角度的话为逆时针 logo: 向上（北），若是角度为顺时针
delay(delay=None)	设置或返回以毫秒为单位的绘图延迟
begin_poly( )	开始记录多边形的顶点，当前的乌龟位置是多边形的第一个顶点
end_poly( )	停止记录多边形的顶点，当前的乌龟位置是多边形的最后一个顶点，与第一个顶点相连
get_poly( )	返回最后记录的多边形

【举例】

画圆 (circle)

circle(radius, extent=None, steps=None)

描述：以给定半径画圆

参数：

radius(半径)：半径为正 (负)，表示圆心在画笔的左边 (右边) 画圆 ;

extent(弧度) (optional)；

steps (optional) (做半径为 radius 的圆的内切正多边形，多边形边数为 steps)。

例如：

```
>>>turtle.circle(50) # 整圆（逆时针）
>>>turtle.circle(50, steps=3) # 三角形（逆时针）
>>>turtle.circle(120, 180) # 以半径 120 像素画 180 度（逆时针），即半圆
```

【练习】

同开始点不同直径的圆、同心圆

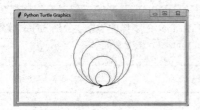

图 8-9　相切圆

图 8-10　同心圆

例如：

```
import turtle                    from turtle import *
def circle2():                   def circle2(n): # 参数为圆的个数
    turtle.circle(20)               pensize(3)
    turtle.circle(40)               speed(1)
    turtle.circle(60)               r=30
    turtle.circle(80)               a=20
                                    for i in range(1, n+1):
    turtle.done()                       penup()
                                        right(90)
circle2()                               forward(a))
```

```
                    left(90)

                    pendown()

                    circle(r)

                    r+=a

                  hideturtle()

                    done()


            circle2(3)
```

【要点小结】

turtle 画布的大小及位置。

画笔的状态与属性。

画笔运动命令。

画笔控制命令。

全局控制命令。

其他命令。

8.5　Python 标准库 ——random 库

从概率论的角度来说,随机数是随机产生的数据(比如抛硬币后的结果),计算机不能产生真正的随机数,所以我们将计算机程序产生的所谓的随机数称为伪随机数。

在 Python 中,random 库就是采用梅森旋转算法(Mersenne twister)生成伪随机数序列的一个标准库,它包括两类函数:

(1)基本随机函数: seed( ), random( )。

(2)扩展随机函数: randint( ), getrandbits( ), uniform( ), randrange( ), choice( ), shuffle( ), sample( )。

8.5.1　基本随机函数:

random 库中最基本的函数是 random.random( ),其他函数都是基于这个函数扩展的。

表 8-13　基本随机函数说明

函　　数	说　　明
seed(a=None)	初始化随机数种子,默认为当前系统时间
random( )	生成一个在 [0.0,1.0)之间的随机小数

Python 语言中基于随机数"种子"产生随机数，每个种子作为输入，利用算法生成一系列随机数，构成伪随机数序列。

【注意】

只要随机数种子相同，使用随机数种子产生的每一个随机数序列及前后顺序都是确定的。（即随机数种子确定了随机数序列的产生，可用于展示重复程序的运行轨迹）

例如：

```
>>>import random                        # 再次设置随机数种子（随机数的值与前后顺序与左边完全一致）

>>>random.seed(10)                      >>>random.seed(10)

>>>random.random()                      >>>random.random()
0.5714025946899135                      0.5714025946899135


>>>random.random()                      >>>random.random()
0.4288890546751146                      0.4288890546751146


>>>random.random()                      >>>random.random()
0.5780913011344704                      0.5780913011344704


>>>random.random()                      >>>random.random()
0.20609823213950174                     0.20609823213950174
```

8.5.2 扩展随机函数：

random 库中最基本的函数是 random.random( )，其他函数都是基于这个函数扩展的。

表 8-14　扩展随机函数说明

函　数	说　明
randint(a,b)	生成一个 [a,b] 之间的随机整数
getrandbits(k)	生成一个 k 比特长度的随机整数
uniform(a,b)	生成一个 [a,b] 之间的随机小数
randrange(start,stop[,step])	生成一个 [start,stop) 之间以 step 为步长的随机整数

（续表）

函　　数	说　　明
choice(seq)	从序列类型（如列表）中随机返回　个元素
shuffle(seq)	将序列类型中元素随机排列，返回打乱后的序列
sample(pop,k)	从序列类型中随机选取 k 个元素，以列表类型返回

例如：

```
>>>from random import *          >>>choice([1,2,3,4,5])
                                 3
>>>randint(1,10)                 >>>a=[1,2,3,4,5]
2                                >>>shuffle(a)
>>>randint(1,10)                 >>>a
2                                [1, 3, 4, 2, 5]
>>>getrandbits(3)
2                                >>>sample(a,3)
>>>getrandbits(10)               [5, 4, 2]
855
                                 >>>b=(8,9,10,44)
>>>uniform(5,44)                 >>>sample(b,3)
11.594261010757304               [44, 10, 9]
>>>uniform(5,8)                  >>>b=(4,5,6,7,8,9,10)
7.4268861339181                  >>>sample(b,4)
                                 [4, 10, 6, 7]
>>>randrange(1,10,2)             >>>
5
```

【要点小结】

基本随机函数：seed( ), random( )。

扩展随机函数：randint( ), getrandbits( ), uniform( ),

　　　　　　　randrange( ), choice( ), shuffle( ), sample( )。

8.6 Python 标准库 ——time 库

time 库是 Python 提供的处理时间相关功能的标准库。

该库比较常用的功能：

（1）时间处理：time( ) gmtime( ) localtime( ) ctime( )。

（2）时间格式化 :mktime( ) strftime( ) strptime( )。

（3）计时 : sleep( ) monotonic( ) perf_counter( )。

8.6.1 相关术语

（1）时间戳（timestamp）：从 1970 年 1 月 1 日 00:00:00 开始按秒计算的偏移量。

（2）呈现时间的格式：时间戳、字符串、struct_time 对象。

例如：

时间戳: 1545812959.2331152

字符串 : ' 年 – 月 – 日 – 星期 上 / 下午 – 时 – 分'

（3）struct_time 对象: time.struct_time(tm_year=...,tm_mon=...)。

struct_time 对象的 9 个元素构成情况如表 8–15 所示。

表 8–15 时间属性说明

下 标	属 性	值
0	tm_year	年份,整数
1	tm_mon	月份 [1,12]
2	tm_mday	日期 [1,31]
3	tm_hour	小时 [0,23]
4	tm_min	分钟 [0,59]
5	tm_sec	秒 [0,61] # 一般 [0–59]
6	tm_wday	星期 [0,6]（0 表示星期一）
7	tm_yday	该年中第几天 [0,366]
8	tm_isdst	是否是夏令时,0 否,1 是, –1 未知

返回 struct_time 对象的主要有 : gmtime( ), localtime( ), strptime( )。

（4）UTC（Coordinated Universal Time 世界协调时）：

也即格林尼治天文时间,是世界标准时间,我国为 UTC+8 。

（5）DST（Daylight Saving Time）,即夏令时。

8.6.2　时间处理

表 8-16　时间处理函数说明

函　数	说　明
time( )	获取当前时间戳
gmtime( )	获取当前时间戳对应的 struct_time 对象 （0 时区的时间）
localtime( )	获取当前时间戳对应的本地时间的 struct_time 对象；与 gmtime 区别，UTC 时间自动转换为北京时间 （我国东 8 时区，比 0 时区早 8 小时）
ctime(时间戳)	获取当前时间戳对应的易读字符串表示，内部会调用 localtime 函数以输出当前时间

例如：

```
>>>import time
>>>time.time()
1545812959.2331152
>>>time.gmtime()                 #格林尼治天文时间
time.struct_time(tm_year=.., tm_mon=.., tm_mday=.., tm_hour=.., tm_min=.., tm_sec=.., tm_wday=.., tm_yday=.., tm_isdst=..)


>>> time.localtime()             #北京时间
time.struct_time(tm_year=.., tm_mon=.., tm_mday=.., tm_hour=.., tm_min=.., tm_sec=.., tm_wday=.., tm_yday=.., tm_isdst=..)

>>>time.ctime()
#'Mon Jan 21 16:46:00 2019' 的形式显示
```

8.6.3　时间格式化

表 8-17　时间格式化函数说明

函　数	说　明
mktime( )	将 struct_time 对象 t 转换为时间戳
strftime( )	将任何通用的格式转化为以一个格式化字符串的形式表示，如：struct_time 对象 t 转换为字符串
strptime( )	与 strftime( ) 方法相反，用于提取字符串的时间生成 struct_time 对象，如字符串转换为 struct_time 对象

表 8-18   strftime( ) 方法的格式化控制符

格式化字符串	日期 / 时间	值范围和实例
%Y	年份	0001-9999,例如 1900 （若 Y 小写,显示年份后两位数字）
%m	月份	01-12
%B	月名	January-December
%b	月名缩写	Jan-Dec
%d	日期	01-31
%A	星期	Monday-Sunday
%a	星期缩写	Mon-Sun
%H	小时（24h 制）	00-23
%I	小时（12h 制）	01-12
%p	上 / 下午	AM, PM
%M	分钟	00-59
%S	秒	00-59

例如：

```
>>>import time

>>>time.localtime()                    #北京时间
>>>time.mktime(time.localtime()) #将上面 struct_time 对象转化为时间戳
>>>time.strftime('%Y-%b-%d-%A %p-%H-%M',time.localtime())
#' 年 - 月名缩写 - 日 - 星期名 上 / 下午 - 时 - 分 ' 的形式显示
>>>a=time.strftime('%Y-%b-%d-%A %p-%H-%M',time.localtime())
>>>time.strptime(a,'%Y-%b-%d-%A %p-%H-%M')
#time.struct_time(tm_year=.., tm_mon=.., tm_mday=.., tm_hour=.., tm_min=.., tm_sec=..,
tm_wday=.., tm_yday=.., tm_isdst=..)
```

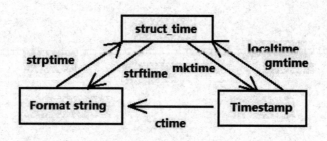

图 8-11 时间格式化函数

8.6.4 计时

程序计时是经常用的功能,尤其是运行时间较长的程序,需要先进行小规模的实验,根据实验时间估计整个程序运行的大致时间。

程序计时包含三个要素:

(1)程序开始 / 结束时间;

(2)程序运行总时间;

(3)程序各核心模块运行时间。

表 8-19 计时函数说明

函　　数	说　　明
sleep( )	线程推迟指定的时间后再运行,单位为秒
monotonic( )	返回单调时钟的值(以秒为单位),即不能倒退的时钟。时钟不受系统时钟更新的影响。返回值的参考点未定义,因此只有连续调用结果之间的差异有效
perf_counter( )	返回性能计数器的值(以分秒为单位),即具有最高可用分辨率的时钟,以测量短持续时间。它包括在睡眠期间和系统范围内流逝的时间。返回值的参考点未定义,因此只有连续调用结果之间的差异有效

例如:

程序运行计时。写三个函数:

def main( ):

函数 1

函数 2

函数 3

获取每个函数的运行时间及程序运行总时间。

```
# 架构或思路
import time
time_start=time.time()# 开始运行时间
程序运行代码
time_end=time.time()
use_time=time_start-time_end
# 整个程序完整代码
import time
def func1():
    time.sleep(0.2)
def func2():
    a = 10**6
    while (a>0):
        a-=1
def func3():
    time.sleep(0.4)
def main():
    starttime=time.localtime()  # 获取当前当地时间
    firsttime=time.mktime(starttime)  # 当前当地时间戳
    print(" 函数运行开始时间：",time.strftime('%Y-%m-%d  %H:%M:%S',starttime))
    PerfCounter1 = time.perf_counter()   # 第 1 次调用 perf_counter()
    func1()  # 调用函数 1
    PerfCounter2 = time.perf_counter()   # 第 2 次调用 perf_counter()
    func1_use = PerfCounter2 - PerfCounter1  # 两者之差,函数 1 运行时间
    func2()  # 调用函数 2
    PerfCounter3 = time.perf_counter()    # 第 3 次调用 perf_counter()
    func2_use = PerfCounter3 -PerfCounter2 # 两者之差,函数 2 运行时间
    func3() # 调用函数 3
```

```
PerfCounter4 = time.perf_counter()        # 第 4 次调用 perf_counter()

func3_use = PerfCounter4 –PerfCounter3  # 两者之差,函数 3 运行时间

PerfCounter5=time.perf_counter()        # 第 5 次调用 perf_counter()

totalPerf =PerfCounter5–PerfCounter1  # 第 5 次 – 第 1 次的差,程序总运行时间

print('func1 运行时间是：{} 秒 '.format(func1_use))

print('func2 运行时间是：{} 秒 '.format(func2_use))

print('func3 运行时间是：{} 秒 '.format(func3_use))

print(' 三个函数运行总时间是：{} 秒 '.format(totalPerf ))

endtime=time.localtime()        # 当前当地时间

lasttime=time.mktime(endtime)   # 当前当地时间戳

totaltime=lasttime–firsttime      # 开始与结束的时间戳之差

print(' 总 time 是 {}'.format(totaltime))  # 单位 秒,一位小数

print(' 整体运行结束时间：', time.strftime('%Y–%m–%d %H:%M:%S',endtime))
main()
```

【要点小结】

时间处理：time( ) gmtime( ) localtime( ) ctime( )。

时间格式化 :mktime( ) strftime( ) strptime( )。

计时 : sleep( ) perf_counter( ) 的用法。

8.7　Python 第三方库 ——PyInstaller 库

PyInstaller 库是 Python 提供的一个可以在 Windows、Linux、MacOS X 等操作系统下将 Python 的源文件(即 .py 文件)进行打包,使其变成直接可执行文件(exe 文件)的第三方库。

通过这样打包后,Python 程序可以在未安装 Python 的环境中运行,也可以作为一个独立文件进行传递与管理。

8.7.1　PyInstaller 库的安装

(参考前面的"应用 pip 工具安装及 Python 扩展库"一讲)

在命令行使用命令：>pip install pyinstaller 安装即可。

8.7.2　PyInstaller 库的使用

使用 PyInstaller 库十分简单,假设 pyinstaller_test 在 E:\a_second_grade 目录下,则只需在命令行敲入如下指令：

>pyinstaller E:\a_second_grade\pyinstaller_test.py

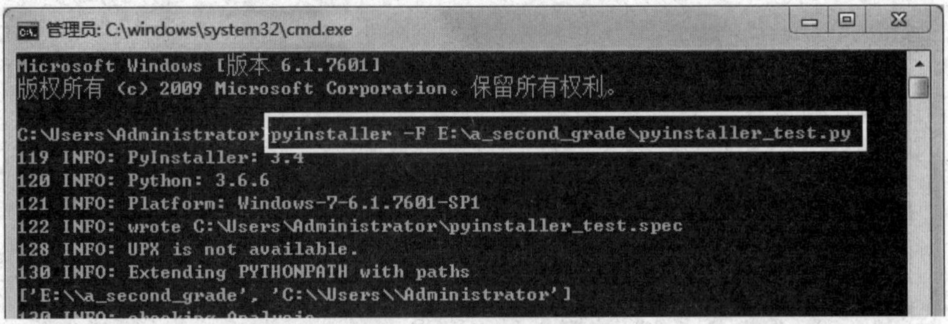

图 8-12　PyInstaller 库的使用

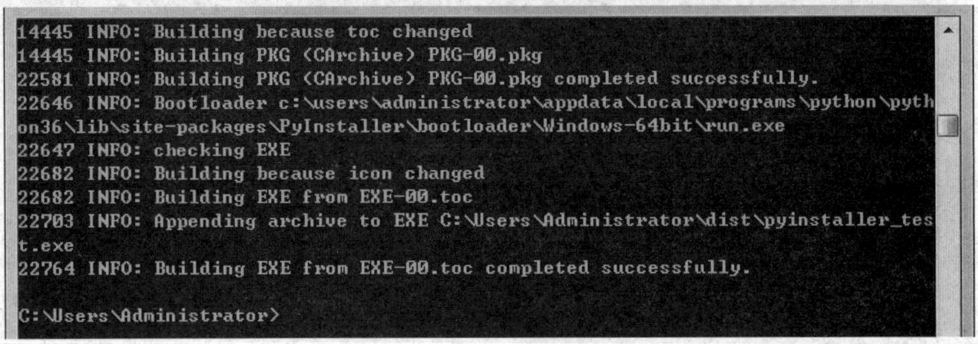

图 8-13　可执行文件的生成

执行完成后，将会生成 dist 和 build 两个文件夹，其中 build 目录是 pyinstaller 存储临时文件的目录，可以安全删除。

最终的打包程序在 dist 文件夹下 pyinstaller_test.exe。

其他是可执行文件的动态链接库。

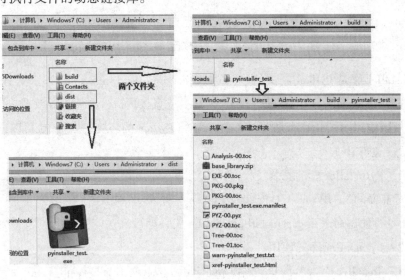

图 8-14　dist 和 build 文件夹

两个文件夹 dist 和 build 外面还有一个 pyinstaller_test.spec 文件，也可删掉。

8.7.3　PyInstaller 库中的常用参数

表 8-20　PyInstaller 库常用参数

参　　数	说　　明
–F，——onefile	在 dist 文件夹中只生成独立的打包文件
–h，——help	查看帮助
——clean	清理打包过程中的临时文件
–D，——onedir	默认值，生成 dist 目录
–i< 图标文件名 .ico>	指定打包程序使用的图标（icon）文件

【要点小结】

Pyinstaller 库安装、使用及常用函数。

8.8　Python 第三方库 ——jieba 库

jieba 库（"结巴"库）是 Python 提供的中文分词函数库的第三方库，它能将一段中文文本分割成中文词语序列。

8.8.1　概述

jieba 库的分词原理：利用一个中文分词词库，将需要分词的内容与分词词库进行比对，通过图结构和动态规划方法找到概率最大的词组，进行分割。

英文文本不存在分词问题；中文分词，jieba 库只需要一行代码即可完成。

8.8.2　安装

参考前面的"应用 pip 工具安装及 python 扩展库"一讲。

: \>pip install jieba

8.8.3　jieba 库中的主要函数

（1）该库支持三种分词模式。

①全模式：把句子中所有的能成词的词语都列出来，速度非常快，但是存在冗余数据。

②精确模式：试图将句子最精确地切开，适合文本分析。

③搜索引擎模式：在精确模式的基础上，对长词再次切分，适合用于搜索引擎分词。

（2）该库的两种功能。

①分词：根据指定模式分割词语。

② jieba 还有增加自定义中文单词的功能。

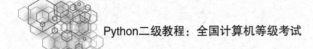

表 8-21　jieba 库的主要函数

函　数	说　明
lcut(s)	精确模式,返回一个列表类型
lcut(s,cut_all=True)	全模式,返回一个列表类型
lcut_for _search(s)	搜索引擎模式,返回一个列表类型
add_word(w)	向分词词典中增加新词 w

例如：

```
>>>import jieba

# 全模式:将所有分词可能均列出,所以出现很多冗余数据。

>>>list_1=jieba.lcut(" 学习 python 的同学们,你们好。",cut_all=True)

>>>list_1

[' 学习 ','python',' 的 ',' 同学 ',' 同学们 ','',' ',' 你们 ',' 你们好 ','','']

# 精确模式:将字符串分割成等量的中文词组。

>>>list_2=jieba.lcut(' 学习 python 的同学们,你们好。')

>>>list_2

[' 学习 ','python',' 的 ',' 同学 ',' 们 ',',',' 你们好 ',' 。']

# 搜索引擎模式:在精确模式基础上,将长词再分割,比如 " 你们好 " 又分割为 " 你们 "、
" 你们好 "。

>>>list_3=jieba.lcut_for_search(" 学习 python 的同学们,你们好。")

>>>list_3

[' 学习 ','python',' 的 ',' 同学 ',' 们 ',',',' 你们 ',' 你们好 ',' 。']

# 自定义词语

>>>jieba.add_word(' 同学们 ')

>>>list_4=jieba.lcut(" 学习 python 的同学们,你们好。")

>>>list_4

[' 学习 ','python',' 的 ',' 同学们 ',',',' 你们好 ',' 。']
```

例如：

【注意】

若是第一次使用,会出现如下提示：

```
>>>import jieba
>>>list_1 = jieba.lcut(' 学习 python 的同学们,你们好。')
Building prefix dict from the default dictionary ...
Dumping model to file cache C:\Users\Administrator\AppData\Local\Temp\jieba.cache
Loading model cost 1.639 seconds.
Prefix dict has been built succesfully.
```

8.8.4　练习

要求将下面的文本进行分词：

大数据人工智能时代的到来必将引起各行各业的转型，克拉欧德将依托数据交易平台，大数据采集处理分析的技术优势，秉承"以客户需求为中心"的服务理念，成为你身边的大数据人工智能专家！

【要点小结】

jieba 库的三种分词模式及主要函数。

8.9　Python 第三方库——wordcloud 库

词云以词语为基本单位更加直观和艺术的展示文本，也即根据词语在文本中出现的频率的高低设计成不同大小并形成视觉上的不同效果，形成"关键词云层"或"关键词渲染"，从而让我们一看即可领会文本的主旨。

8.9.1　概述

wordcloud 库是 Python 中专门用于根据文本生成词云的第三方库。

一般是通过 jieba 库的分词功能将目标文本中的内容进行分词；再利用 wordcloud 库函数功能将这些词语生成默认以空格或标点分割的词云文本，然后根据词语出现的频率高低给予不同的大小和颜色来进行显示。

例如：

对下面这个文本内容生成词云。

大数据人工智能时代的到来必将引起各行各业的转型，克拉欧德将依托数据交易平台，大数据采集处理分析的技术优势，秉承"以客户需求为中心"的服务理念，成为你身边的大数据人工智能专家！

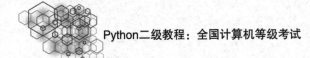

【结果呈现】

图 8-15　文本词云可视化

wordcloud 把词云当作一个对象，它可以将文本中词语出现的频率作为一个参数绘制词云，而词云的大小、颜色、形状等都可以设定。

8.9.2　安装

参考前面的"应用 pip 工具安装及 Python 扩展库"一讲。

: \>pip install wordcloud

8.9.3　wordcloud 库中的主要参数

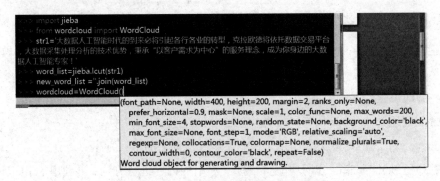

图 8-16　wordcloud 库的主要参数

其主要参数如表 8-22 所示。

表 8-22　wordcloud 库的主要参数说明

参　数	说　明
font_path	指定字体文件的完整路径，默认 None
width	生成图片宽度，默认 400 像素

参　　数	说　　明
height	生成图片高度，默认 200 像素
mask	词云形状，默认 None，即方形图
min_font_size	词云中最小的字体字号，默认 4 号
max_font_size	词云中最大的字体字号，默认 None，根据高度自动调节
font_step	字号步进间隔，默认 1
max_words	词云图中最大词数，默认 200
stopwords	被排除词列表，排除词不在词云中显示
background_color	图片背景颜色，默认黑色

8.9.4　wordcloud 库中的主要方法

其主要方法如表 8–23 所示。

表 8–23　wordcloud 库的主要方法

方　　法	说　　明
generate(text)	text 文本生成词云（text 是有空格或标点分割的文本）
to_file(filename)	词云图保存为 filename 文件（路径 + 文件名 .png）

8.9.5　实例解析

根据上面提到的例子，我们实际操作一下。

步骤：

①将目标文本进行分词（jieba 库相关函数）；

②将分割的词语以空格或其他符号拼接；

③调用 wordcloud 库函数及方法生成词云；

④保存图片。

注意：在处理中文时，需要制定中文字体且要将该字体文件与代码文件存放在一个目录下或者添加完整的路径。（字体文件存放路径：C:\windows\Fonts）

例如：

```
# 文件式编辑格式

import jieba

from wordcloud import WordCloud


str1=' 大数据人工智能时代的到来必将引起各行各业的转型,克拉欧德将依托数据交易
平台,大数据采集处理分析的技术优势,秉承 " 以客户需求为中心 " 的服务理念,成为
你身边的大数据人工智能专家！ '


jieba.add_word(' 克拉欧德 ')     # 定义词语:克拉欧德

jieba.add_word(' 大数据 ')       # 定义词语:大数据

list1=jieba.lcut(str1)          # 分割 srt1

list2=' '.join(list1)           # 用空格连接词语

# 设置生成词云的方法及相关参数

wordcloud_str=WordCloud(font_path='E:\\a_second_grade\\SIMLI.TTF',background_color='
white',width=500,height=365,margin=2).generate(list2)

wordcloud_str.to_file(' 词云实例图示效果 .png')        # 保存词云图
```

【要点小结】

安装 wordcloud 库。

常用的函数与方法。

实例代码及效果。

8.10　更广泛的 Python 计算生态

Python 利用丰富且功能强大的第三方库,在多个领域有着广泛的应用。

8.10.1　数据分析

（1）Numpy。

Numpy（Numerical Python 的简称）是 Python 科学计算的基础包,封装了基础的矩阵和
向量的操作。具有以下几个特征：

①快速的数组处理能力（提供了对数据进行快速处理的函数）。

②是其他更高级扩展库（如 Scipy、Pandas、Matplotlib 等库）的依赖库。

此外,由低级语言（比如 C 和 Fortran）编写的库可以直接操作 Numpy 数组中的数据,无
需进行任何数据复制工作。

（2）Pandas。

Pandas 是 Python 下最强大的数据分析和探索工具。它包含高级的数据结构和精巧的工具，使得 Python 处理数据非常快速和简单。

Pandas 的名称来自面板数据（panel data）和 Python 数据分析（data analysis），它最初被作为金融数据分析工具而开发出来的。

Pandas 的功能非常强大，包括：

①支持类似于 SQL 的数据增、删、查、改。

②带有丰富的数据处理函数。

③支持时间序列分析功能。

④支持灵活处理缺失数据等。

Pandas 基本的数据结构是 Series 和 DataFrame。Series 就是序列，类似一维数组；DataFrame 相当于一张二维的表格，类似二维数组，它的每一列都是一个 Series。

（3）Scipy。

Scipy 在 Numpy 的基础上提供了更丰富的功能，例如：提供了真正的矩阵及其运算的对象与函数、各种统计常用分布和算法等。

Scipy 包含的功能有最优化、线性代数、积分、插值、拟合、特殊函数、快速傅里叶变换、信号处理、图像处理、常微分方程求解和其他科学与工程中常用的计算，这些功能都是数据挖掘与建模必备的。

8.10.2　数据可视化

（1）Matplotlib。

不论是数据挖掘还是数学建模，都离不开数据可视化的问题。对 Python 来说，Matplotlib 是最著名的绘图库，主要提供二维绘图，也可进行简单的三维绘图。它提供数据的可视化，生成的图像达到印刷品质，非常适合创建出版物上用的图表。

还有一个优点是提供互动化的数据分析，可以动态的缩放图表，用做 adhoc analysis 非常合适。它跟 iPython 结合得很好，因而提供了一种非常好用的交互式数据绘图环境。

（2）Seaborn。

虽然 Matplotlib 很强大，但因此也很复杂，图表需要经过大量的调整才能变得精致。因此，作为替代，推荐一开始使用 Seaborn。Seaborn 本质上使用 Matplotlib 作为核心库（就像 Pandas 对 NumPy 一样）。seaborn 有以下几个优点：默认情况下就能创建赏心悦目的图表；创建具有统计意义的图；能理解 Pandas 的 DataFrame 类型。

8.10.3　机器学习

（1）Scikit-Learn。

Scikit-Learn（简记为 sklearn）是基于 Python 的非常好用的机器学习库，提供了完整的机器学习工具箱，包括数据预处理、分类、回归、聚类、预测和模型分析等功能，操作简单、高

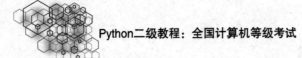

效,但是它需要建立在 NumPy、SciPy 和 Matplotlib 基础之上。

（2）TensorFlow。

它是一个使用数据流图进行数值计算的开放源代码软件库,拥有庞大的社区,非常流行。具有以下特点:

便捷性／灵活性。

可以将计算模型部署到一个或多个桌面、服务器、移动等多种设备 (CPUs or GPUs)。

适用于多种系统（Raspberry Pi, Android, Windows, iOS, Linux 到 server farms）。

可视化: TensorBoard。

可以保存／还原模型。

8.10.4 网络爬虫

（1）Requests。

Requests 是 Python 的第三方 HTTP 库,可以用它来完成大部分 HTTP 协议行为,例如: HEAD、GET、POST、PUT、PATCH、DELETE 等,也可以用它来完成大部分浏览器行为,例如: 登陆、保持状态、登出、302 跳转。

（2）Beautifulsoup4。

BeautifulSoup4 是一个 HTML/XML 的解析器,主要的功能是解析和提取 HTML/XML 的数据,和 lxml 库一样。lxml 只会局部遍历,而 BeautifulSoup4 是基于 HTML DOM 的,加载整个文档,解析整个 DOM 树,因此内存开销比较大。

（3）Scrapy。

Scrapy 是 Python 开发的一个快速、高层次的屏幕抓取和 Web 抓取框架,用于抓取 Web 站点并从页面中提取结构化的数据。Scrapy 用途广泛,可以用于数据挖掘、监测和自动化测试。

Scrapy 吸引人的地方在于它是一个框架,可以根据需求方便修改。它也提供了多种类型爬虫的基类,如 BaseSpider、sitemap 爬虫等,最新版本又提供了 web2.0 爬虫的支持。

（4）Selenium。

Selenium 是一个用于 Web 应用程序测试的工具,测试直接运行在浏览器中,就像真正的用户在操作一样。一般写爬虫的方法是用 Python 脚本直接对目标网站进行访问,这样目标网站很容易就识别出是机器人,而用 selenium 写爬虫,是 Python 脚本控制浏览器进行访问,这样的行为更像是人类行为。

8.10.5 用户图形界面

（1）PyQt5。

PyQt5 是一套来自 Digia 的 Qt5 应用框架和 Python 的黏合剂,支持 Python2.x 和 Python3.x 版本。

PyQt5 以一套 Python 模块的形式来实现功能，它包含了超过 620 个类，600 个方法和函数。它是一个多平台的工具套件，可以运行在所有的主流操作系统中，包含 Unix，Windows 和 Mac OS。

（2）WxPthon。

WxPython 是 Python 语言的一套优秀的 GUI 图形库，允许 Python 程序员很方便地创建完整的、功能键全的 GUI 用户界面。WxPython 是作为优秀的跨平台 GUI 库 wxWidgets 的 Python 封装和 Python 模块的方式提供给用户的。

8.10.6　游戏开发

（1）Pygame。

Pygame 是跨平台 Python 模块，专为电子游戏设计，包含图像、声音。它是建立在 SDL 基础上，允许实时电子游戏研发而无须被低级语言（如机器语言和汇编语言）束缚。

（2）Panda3D。

Panda3D 是一个 3D 渲染和游戏开发库（3D 游戏引擎），这个库和 C++ 或 Python 绑定，即用 Panda3D 开发游戏时要通过 C++ 或 Python 调用 Panda3D 库。

8.10.7　文本处理

（1）PDFMiner。

PDFMiner 是一个可以从 PDF 文档中提取信息的工具。与其他 PDF 相关的工具不同，它注重的是获取和分析文本数据，允许获取某一页中文本的准确位置和一些诸如字体、行数的信息。包括一个 PDF 转换器，可以把 PDF 文件转换成 HTML 等格式。

（2）Python-docx。

它是一个 Python 库，主要用来生成和修改 word 文档，是一个很实用的库。

（3）Openpyxl。

Openpyxl 模块是一个读写 Excel2010 文档的 Python 库，如果要处理更早格式的 Excel 文档，需要用到额外的库。Openpyxl 是一个比较综合的工具，能够同时读取和修改 Excel 文档。

8.10.8　Web 开发

（1）Django。

Python 下有许多款不同的 Web 框架，Django 是其中最有代表性的一个。许多网站和 APP 都基于 Django 开发。

Django 是一个开放源代码的 Web 应用框架，由 Python 写成。Django 的主要目的是简便、快速的开发数据库驱动的网站。

（2）Pyramid。

Pyramid 是一个小型、快速的 Python web framework，是 Pylons Project 的一部分，采用的授权协议是 BSD-like license。

（3）Flask。

它是一个使用 Python 编写的轻量级 Web 应用框架。

8.10.9　更多第三方库

（1）PIL。

PIL（Python Imaging Library）是 Python 中最常用的图像处理库，具有以下功能：

图像归档：PIL 非常适合于图像归档以及图像的批处理任务，可以创建缩略图、转换图像格式、打印图像等

图像展示：PIL 较新的版本支持包括 Tk PhotoImage，BitmapImage 还有 Windows DIB 等接口，支持众多的 GUI 框架接口，用于图像展示。

图像处理：PIL 包括了基础的图像处理函数，包括对点的处理，使用众多的卷积核做过滤，还有颜色空间的转换。PIL 库同样支持图像的大小转换，图像旋转，以及任意的仿射变换。

（2）NLTK。

NLTK(Natural Language Toolkit) 是 Python 的自然语言处理模块，包括一系列的字符处理和语言统计模型。NLTK 常用于学术研究和教学，应用的领域有语言学、认知科学、人工智能、信息检索、机器学习等。NLTK 提供超过 50 个语料库和词典资源，文本处理库包括分类、分词、词干提取、解析、语义推理等，可稳定运行在 Windows、Mac OS X 和 Linux 平台上。

第 9 章

测试题

9.1 测试题 1

单项选择题:

1. Python 的作者是谁? 哪国人? (　　　)。

　A.吉多·范罗苏姆,美国人　B.吉多·范罗苏姆,荷兰人

　C.龟叔,德国人　　　　　　　D.龟叔,法国人

2. a = {x for x in 'abracadabra' if x not in 'abc'}

　print(a)

　A.{'d', 'r'}　B.{'a', 'b', 'c'}　C.{'d'}　D.{ 'r'}

3. dict = {'a':1,'b':2,'c':'3'}

　str = list(dict.keys())[list(dict.values()).index(2)]

　print(str)

　A.a　B.b　C.c　D.2

4. dict = {'Name':'Runoob','Age':7,'Class':'First'}

　print(len(dict))

　A.1　B.3　C.6　D.7

5. L = ['a','b','c']

　print(L[1:])

　A.['a','b', 'c']　B.['a']　C.['a', 'b']　D.['b', 'c']

6. str='11'

　print(str*2)

　A.22　B.11　C.121　D.1111

7. print(round(2.615,2))

　A.2.6　B.2.61　C.2.62　D.2.615

8. a = [1,2]

    a.append(3,4)

    print(a)

    A.[1,2]   B.[1,2,3]   C.[1,2,3,4]   D.error

9. a = [1,2]

    b = a.append(3)

    print(b)

    A.[3]   B.[1,2]   C.[1,2,3]   D.None

10. a=[1,2,3]

    b=[4,5,6]

    c=zip(a,b)

    for i in c:

        print(i)

    A.(1, 4)   B.[1,2,3,4,5,6]

     (2, 5)

     (3, 6)

    C.(1,4,2,5,3,6)   D.(1,2,3)

                            (4,5,6)

11. print('{0:>6.2f}'.format(3.14156))

    A. 空格空格 3.14   B.3.14

    C. 空格空格空格 3.14   D.3.1416

12. print('{0:2.2f}'.format(3.14156))

    A.3.14   B.3   C.3.1   D. 空格 3.14

13. files = 'a{}.txt'

    urls =[files.format(page) for page in range(0,3)]

    for url in urls:

        print(url)

    A.a0.txt   B.a0.txt

                       a1.txt

    C.a0.txt   D.a0.txt

     a1.txt   a1.txt

     a2.txt   a2.txt

                       a3.txt

14. s =' 123 '

    print(s.strip())

    A. 空格123   B.123空格   C.123   D. 空格123空格

15. NUMS=[3,2,8,0,1]

    NUMS.sort()

    print(NUMS)

    A.[8,3, 2,1,0]   B.[0, 1, 2, 3, 8]   C.[8,3, 2,1]   D.[1, 2, 3, 8]

16. str2='abcdABCD'

    print(str2[0:-1])

    A.abcdABC   B.abcdABCD

    C.CD   D.D

17. str2='abcdABCD'

    print(str2[-2:-3])

    A.BC   B.CB   C.C   D. 空值

18. s1='0123456789'

    print(s1[1::2])

    A.02468   B.01   C.012   D.13579

19. s1=[1,2,3,'abc',4,5.3]

    print(sum(filter(lambda x:isinstance(x,(int)),s1)))

    A.6   B.9.3   C.10   D.15

20. x = -5

    y = x if x >= 0 else -x

    print(y)

    A.-5   B.5   C.0   D.10

21. print("=hello".join('abc'))

    A.abc=hello   B.a=hellob=helloc   C.=abchello   D.=helloabc

22. print(list(('aaa')))

    A.aaa   B.['aaa']   C.['a', 'a', 'a']   D.[a a a]

23. str2="abcdABCD"

    print(str2[-1:-3:-1])

    A.BCD   B.CD   C.DC   D.DCB

24. L=[1,2,3,4]

    print('*'.join(map(str,L)))

    A.1*2*3*4   B.[1*2*3*4]   C.(1*2*3*4)   D.{1*2*3*4}

25. print("%05d" %3)

A.30000 B.3.00000 C.0.00003 D.00003

26. for x in range(0,2):

    print("hello %s" % x)

A.hello 0   B.hello 0

  hello 1   hello 1

                               hello 2

C.hello 0hello 1

D.hello 0hello 1hello 2

27. if 1 not in (1,2):

    print(" 正确 ")

else:

    print(" 错误 ")

运行结果是什么?

A. 正确 B. 错误 C.ERROR D. 空值

28. num = 8

print("%.2f%%" % num)

结果是什么?

A.8% B.0.08% C.800% D.8.00%

29. a=1.5

b=2

c=True

print(a+b+c)

结果是多少?

A.3.5 B.4.5 C.0 D.True

30. for letter in 'food':

    if letter == 'o':

      continue

    print(letter)

A.o   B.f

                               o

C.f   D.f

  d   o

                             o

31. sum(x for x in range(10)),求和是多少？（　　　）。

    A.45　B.55　C.50　D.60

32. 不符合 Python 语言变量命名规则的是（　　　）。

    A.5_2　B.X　C._X　D.Red

33. 下面代码的输出结果是（　　　）。

    x = 55.66

    print(type(x))

    A.<class 'int'>　B.<class 'bool'>

    C.<class 'float'> D.<class 'complex'>

34. 关于 Python 语言的注释,以下描述错误的是（　　　）。

    A.Python 语言的单行注释以单引号 ' 开头

    B.Python 语言的单行注释以 # 开头

    C.Python 语言的多行注释以三个单引号开头和结尾

    D.Python 语言的多行注释以三个双引号开头和结尾

35. 关于 random 库,以下描述错误的是（　　　）。

    A. 设定相同种子,每次调用 random 生成的随机数相同

    B. 必须要指定随机数种子才能生成随机数

    C. 通过 import random 可以引入 random

    D. 通过 from random import * 可以引入 random

36. 下面代码的输出结果是（　　　）。

    print(0.1 + 0.2 == 0.3)

    A True　B False　C 0　D 空值

37. 退出 IDLE 操作环境的命令是（　　　）。

    A.exit()　B.esc()　C.close()　D. 回车键

38. 对 Python 语言描述错误的是（　　　）。

    A.Python 语言是高级语言　　　B.Python 语言是跨平台语言

    C.Python 语言是非开源语言　　D.Python 语言是脚本语言

39. 对函数描述错误的是（　　　）。

    A. 使用函数的主要目的是减少编程难度和代码重用

    B. 对函数的使用不需要了解函数内部实现原理,只要了解函数的输入输出方式即可。

    C. 函数是一段具有特定功能的、可重用的语句组

    D.Python 使用 function 保留字定义一个函数

40. 关于 Python 循环结构，以下选项中描述错误的是（　　　）。

   A. 遍历循环中的遍历结构可以是字符串、文件、组合数据类型和 range( ) 函数等

   B.break 结束当前当次语句，并跳出当前的循环体

   C.continue 结束本次循环，并跳出当前的循环体

   D.Python 通过 for、while 等保留字构建循环结构

41. 以下表达式输出结果为 2 的是（　　　）。

   A.print("1+1")　　　　　　B.print(1+1)

   C.print("1" + "1")　　　　　D.print(eval("1" + "1"))

42. 关于局部变量和全局变量，以下描述错误的是（　　　）。

   A. 局部变量和全局变量是不同的变量，但可以使用 global 保留字在函数内部使用全局变量

   B. 局部变量是函数内部的占位符，与全局变量可能重名

   C. 函数运算结束后，局部变量被释放

   D. 全局变量不可以在函数范围内访问

43. 对文件的处理，以下描述错误的是（　　　）。

   A.f.write(str) 向文件写入一个字符串或字节流

   B.Python 通过解释器内置的 open() 函数打开一个文件

   C.Python 不能够以文本和二进制两种方式处理文件

   D. 文件使用结束后要用 close() 关闭，释放文件

44. 执行如下代码：

   import time

   print(time.time())

   以下选项中描述错误的是（　　　）。

   A. 可使用 time.ctime( )，显示为更可读的形式

   B.mktime( ) 将 struct_time 对象 t 转换为时间戳

   C.time.sleep(5) 推迟调用线程的运行，单位为秒

   D. 输出自 1900 年 1 月 1 日 00:00:00 AM 以来的秒数

45. Python 语言提供的 3 个基本数字类型是（　　　）。

   A. 整数类型、布尔型、复数类型

   B. 整数类型、布尔型、浮点数类型

   C. 整数类型、浮点数类型、复数类型

   D. 整数类型、二进制类型、浮点数类型

46. 关于 jieba 库的描述，以下选项中错误的是（　　　）。

   A.jieba.cut(s) 是全模式，返回一个可迭代的数据类型

B.jieba.lcut(s) 是精确模式,返回列表类型

C.jieba.add_word(s) 是向分词词典里增加新词 s

D.jieba.lcut_for _search(s) 是搜索引擎模式,返回一个列表类型

47. 以下程序的输出结果是( )。

```
>>> def f(x, y = 0, z = 0):
        print(x+y+z)
>>> f(2,2 , 3)
```

A.7 B.2 C. 空值 D. 出错

48. 关于 Python 文件处理,以下选项中描述错误的是( )。

A.Python 能处理 JPG 文件　　B.Python 能处理 Excel 文件

C.Python 能处理 CSV 文件　　D.Python 不可以处理 PNG 文件

49. 以下选项中,不是 Python 中用于开发用户界面的第三方库是( )。

A.PyQt B.Pygame C.pygtk D.wxPython

50. 以下( )不是 Python 网络爬虫方向的第三方库?

A.Beautifulsoup4 B.openpyxl C.Requests D.scrapy

51. Python 数据分析方向的第三方库是( )。

A.Django B.pdfminer C.Pandas D.time

52. Python 机器学习方向的第三方库是( )。

A.TensorFlow B.PDFMiner C.PyQt5 D.Panda3D

53. 下面代码的输出结果是( )。

```
sum = 3.0
for num in range(2,5):
    sum+=num
    print(sum)
```

A.12 B.12.0 C.17 D.17.0

54. 下面代码的输出结果是( )。

```
x=5
y=2
print(x%y,x**y)
```

A.1 25 B.1,25 C.2,25 D.2.5 25

55. 下面代码的输出结果是( )。

```
s =["apple","banana","orange","brown"," cherry ","lemon"]
print(s[0:4:2])
```

A.['apple', 'orange', " cherry "]

B.['apple', " cherry "]

C.['orange', " cherry "]

D.['apple', 'orange']

56. 下面代码的输出结果是（　　）。

name = "Python 语言程序设计 "

print(name[3 :-2])

A.hon 语言程序　　　B.thon 语言程序

C.hon 语言程序设　D.thon 语言程序设

57. 下面代码的输出结果是（　　）。

```
def change(a,b):
    a = 5
    b += a
a = 1
b = 2
change(a,b)
print(a,b)
```

A.1 2　B.5 7　C. 1 7　D.5 2

58. 下面代码的输出结果是（　　）。

```
for s in "abc":
    for i in range(2):
        print (s,end="")
        if s=="c":
            break
```

A.aabb　B.a a b b　C.aabbc　D.a a b b c

59. 以下程序的输出结果是（　　）。

```
for x in reversed(range(8, 0, -2)):
    print(x,end="")
```

A.2 4 6 8　B.8 6 4 2　C.2468　D.8642

60. 以下程序的输出结果是（　　）。

```
i= 19
def ying(y,w):
    z=y-w
```

```
    print(z,end="")
ying(i,7)
print(i)
```

A.12 B.19   C.1219   D.12 19

9.2 测试题 2

操作题：

1. 从终端输入四个整数，按从小到大输出。

2. 利用条件运算符的嵌套来完成此题：学习成绩 >=80 分的同学用 A 表示，60 ～ 79 分之间的用 B 表示，60 分以下的用 C 表示。

3. 从终端输入一个字符串，计算字符串最后一个单词的长度，单词以空格隔开。

   示例：

   输入：Good luck

   输出：4

4. 将输入的字符串垂直输出。

5. 计算矩形面积：用户输入矩形的长和宽，计算其面积并输出，结果四舍五入，保留 1 位小数。

6. 将字符串："x:1|x1:2|x2:3|x3:4"，处理成 python 字典：{'x':'1', 'x1':'2', 'x2':'3', 'x3':'4' }。

7. 用 turtle 的 Pen 函数创建一个画布，然后画一个长 100 宽，50 的长方形。

8. 用 turtle 的 Pen 函数创建一个画布，然后画一个边长为 100 的等边三角形，向下移动 300 后再画一个内角分别为 30°、30°、120° 的三角形。

9. 创建一个列表，包含 4 种不同的水果名称，创建一个循环，按顺序打印这个列表并写出顺序号。

10. 用 turtle 的 Pen 函数创建一个画布，画一个边长为 50 的八边形。

11. 使用 turtle 库的 turtle.circle() 函数、turtle.seth() 函数和 turtle.left() 函数绘制一个六瓣花图形，效果如下图所示。（圆半径为 100）

9.3 测试题 3

综合题：

1. 去除列表中的重复元素，L=['y', 'z', 'w', 'z', 'y', 'x', 'x']

2. 已知：dic = {'x4':'a','x5':[12,33,58]}，输出所有键值内容，然后通过增加、追加、插入等方法得到如下结果：

   x4 a

   x5 [12，33，58]

   {'x4': 'a', 'x5': [12, 33, 58], 'x6': 'b'}

   {'x4': 'a', 'x5': [12, 21, 33, 58, 99], 'x6': 'b'}

3. 输入 a 和 n，求 s=a+aa+aaa+...na...，a 表示数值，n 表示数量，如 a=2，n=3，则求出 2 + 22 + 222 的值。

4. 从键盘输入一个中文字符串变量 s，内部包含中文标点符号。

   问题 1：用 jieba 分词，计算字符串 s 中的中文词汇个数，不包括中文标点符号。显示输出分词后的结果，用" / "分隔，以及中文词汇个数。示例如下：

   输入：

   不论是对数据进行挖掘还是建模，都离不开数据可视化的问题。

   输出：

   不论是 / 对 / 数据 / 进行 / 挖掘 / 还是 / 建模 / 都 / 离不开 / 数据 / 可视化 / 的 / 问题

   中文词语个数：13

5. 在问题 4 的基础上，统计分词后的词汇出现的次数，用字典结构保存。显示输出每个词汇出现的次数，以及出现次数最多的词汇。如果有多个词汇出现次数一样多，都要显示出来。示例如下：

   不论是 :1

   对 :1

   数据 :2

   进行 :1

   挖掘 :1

   还是 :1

   建模 :1

   都 :1

离不开:1

可视化:1

的:1

问题:1

出现最多的词是(数据):2 次

6. 已知文件名为 "rengong.txt",内有一段话如下:

人工智能是研究使计算机来模拟人的某些思维过程和智能行为(如学习、推理、思考、规划等)的学科,主要包括计算机实现智能的原理、制造类似于人脑智能的计算机,使计算机能实现更高层次的应用。人工智能将涉及计算机科学、心理学、哲学和语言学等学科。

请编写程序,对文本中出现的汉字和标点符号进行统计,字符与出现次数之间用冒号:分隔,输出保存到"rengongcount"文件中,该文件要求采用 CSV 格式存储。

9.4 测试题 1 答案

单项选择题：

1.B   2.A   3.B   4.B   5.D   6.D   7.C   8.D   9.D   10.A

11.A   12.A   13.C   14.C   15.B   16.A   17.D   18.D   19.C   20.B

21.B   22.C   23.C   24.A   25.D   26.A   27.B   28.D   29.B   30.C

31.A   32.A   33.C   34.A   35.B   36.B   37.A   38.C   39.D   40.C

41.B   42.D   43.C   44.D   45.C   46.A   47.A   48.D   49.B   50.B

51.C   52.A   53.B   54.A   55.D   56.A   57.A   58.D   59.A   60.D

Python二级教程：全国计算机等级考试

9.5　测试题 2 答案

1.
```
s = []
for i in range(4):
    x = int(input('integer:\n'))
    s.append(x)
s.sort()
print(s)
```

2.
```
score = int(input('input score:\n'))
if score >= 80:
    grade = 'A'
elif score >= 60:
    grade = 'B'
else:
    grade = 'C'
print('%d belongs to %s' % (score, grade))
```

3.
```
s = input(" 请输入一行字符串： ")
s1 = s.split()
print(len(s1[-1]))
```

4.
```
def Output(string):
    for char in string:
        print(char)
s = input(" 请输入字符串： ")
Output(s)
```

5.
```
a = float(input(" 请输入矩形长度 :"))
b = float(input(" 请输入矩形宽度 :"))
print(" 面积是 :%.1f"% (a * b))
```

6. str1="x:1|x1:2|x2:3|x3:4"

```
        str_list=str1.split('|')
        a={}
        for l in str_list:
            key, value=l.split(':')
            a[key]=value
        print(a)
```

7. ```
   import turtle


   width = 100
   height = 50
   t = turtle.Pen()


   for i in range(2):
       t.forward(width)
       t.left(90)
       t.forward(height)
       t.left(90)
   turtle.done()
   ```

8. ```
   import math
   import time
   import turtle
   t = turtle.Pen()
   # 画一个等边三角形
   for i in range(3):
       t.forward(100)
       t.left(120)
   # 把坐标换到另一个位置
   t.up()
   t.right(90)
   t.forward(300)
   t.left(90)
   t.down()
   # 画一个内角分别为 30°、30°、120° 的三角形
   t.forward(80 * math.sqrt(3))
   ```

```
    t.left(150)
    t.forward(80)
    t.left(60)
    t.forward(80)
    t.left(150)
    time.sleep(5)
```

9.
```
names = ['apple', 'banana', 'orange', 'cherry']
for x in range(0, 4):
    print("%d %s"% (x + 1,names[x]))
```

10.
```
import time
import turtle
t = turtle.Pen()
for x in range(1, 9):
    t.forward(50)
    t.left(45)
time.sleep(5)
```

11.
```
import turtle as t
for i in range(6):
    t.seth(60 * (i + 1))
    t.circle(100,60)
    t.seth(-60 + i * 60)
    t.circle(100,60)
t.done()
```

9.6 测试题 3 答案

1. L=['y', 'z', 'w', 'z', 'y', 'x', 'x']

   list1 = []

   [list1.append(x) for x in L if x not in list1]

   print (list1)

2. dic = {'x4':'a','x5':[12,33,58]}

   # 输出所有的 key 和 value

   for x in dic.keys():

         print(x,end=' ')

         print(dic[x])

   # 追加

   dic['x6'] = 'b'

   print(dic)

   dic['x5'].append(99)

   dic['x5'].insert(1 , 21)

   print(dic)

3. dig = int(input(" 请输入一个数值："))

   num = int(input(" 请输入次数："))

   sum = 0

   s = ''

   for x in range(num):

         y = int(('%d' % dig) * (x+1))

         sum += y

         s += '%s + ' % str(y)

   out= s[:−2]+" = " +str(sum)

   print(out)

4. # s = " 不论是数据挖掘还是数学建模，都离不开数据可视化的问题。"

   str = input(" 请输入一段中文,含标点：")

```
        lst = jieba.lcut(str)
        biao = ",。：；""、！"
        for each in lst:
              if each in biao:
                    lst.remove(each)  # 剔除中文标点符号
        str_output = "/".join(lst)
        print(str_output)
        print(" 中文词语个数：%d\n\n"% len(lst))
```

5.
```
    dir = {}
    for each in lst:
        dir[each] = dir.get(each, 0) + 1
    for key in dir:
        print("{}:{}".format(key, dir[key]))
    max = 0
    lss = []
    # 寻找出现最多的次数
    for key in dir:
        if max < dir[key]:
            max = dir[key]
    # 把出现最多的词语放在 lss 列表里
    for key in dir:
        if max == dir[key]:
            lss.append(key)
    str_to_output = "".join(lss)
    print(" 出现最多的词是（{}）:{} 次 ".format(str_to_output, max))
    print('sum = ' + s[:-2] + ' = %d' % sum)
```

6.
```
    filein = open("rengong.txt", "r")
    fileout = open("rengongcount.csv", "w")
    txt = filein.read()
    dic = {}
    for x in txt:
        dic[x] = dic.get(x, 0) + 1  # get() 方法第 2 个参数：如果指定键的值不存在，返回该
```

默认值 0

```
list = []
for key in dic:
    list.append("{}:{}".format(key, dic[key]))
fileout.write(",".join(list))
filein.close()
fileout.close()
```

附件 1

IDLE 快捷键

IDLE 快捷键一览表

快捷键	说 明
Ctrl +] 、Ctrl + [	加、减缩进
Alt+3	注释代码行
Alt+4	取消注释
Alt+/	单词补全,循环选择
Alt+P	翻出上一条命令，类似于向上的箭头
Alt+N	翻出下一条命令，类似于向下的箭头
Ctrl+Z	后退
Ctrl+Shift+Z	重做
ALT+G	跳到对应行号
Alt+5 Alt+6	切换缩进方式 空格 <=>Tab
Alt+DS	直接显示出错历史,找到根源
Alt+DD	打开调试窗口,进入单步调试
Alt+M	先选中模块,然后按下此快捷键,打开模块的 py 源码。

附件 2

常用的 RGB 色彩

英文名称	RGB 整数值	RGB 小数值	中文名称
white	255,255,255	1,1,1	白色
yellow	255,255,0	1,1,0	黄色
magenta	255,0,255	1,0,1	洋红
cyan	0,255,255	0,1,1	青色
blue	0,0,255	0,0,1	蓝色
black	0,0,0	0,0,0	黑色
seashell	255,245,238	1,0.96,0.93	海贝色
gold	255,215,0	1,0.84,0	金色
pink	255,192,203	1,0.75,0.80	粉红色
brown	165,42,42	0.65,0.16,0.16	棕色
purple	160,32,240	0.63,0.13,0.94	紫色
tomato	255,99,71	1,0.39,0.28	番茄色

参考文献

[1] 董付国 . Python 程序设计开发宝典 [M]. 北京：清华大学出版社，2017.

[2] 杨佩璐，宋强，等 . Python 宝典 [M]. 北京：电子工业出版社，2014.

[3] 赵家刚，狄光智，吕丹桔，等 . 计算机编程导论 ——Python 程序设计 [M]. 北京：人民邮电出版社，2013.

[4] 廖芹 . 数据挖掘与数学建模 [M]. 北京：国防工业出版社，2010.

[5] 江红，余青松 . Python 程序设计与算法基础教程 [M]. 北京：清华大学出版社，2017.

[6] 嵩天，礼欣，黄天羽 . Python 语言程序设计基础 [M]. 北京：高等教育出版社，2017.

[7] 明日科技 . Python 从入门到精通 [M]. 北京：清华大学出版社，2018.

[8] 张志强，赵越，等 . 零基础学 Python[M]. 北京：机械工业出版社，2015.

[9] 张思民 . Python 程序设计案例教程 [M]. 北京：清华大学出版社，2018.